AF325922

RECHERCHES

SUR LES

MUCORINÉES

EXTRAIT DES ANNALES DES SCIENCES NATURELLES

5e SÉRIE. BOTANIQUE, T. XVII

PARIS. — IMPRIMERIE DE E. MARTINET, RUE MIGNON, 2

RECHERCHES

SUR LES

MUCORINÉES

PAR

PH. VAN TIEGHEM

Maître de conférences à l'École normale

ET

G. LEMONNIER

Docteur ès sciences, agrégé préparateur à l'École normale

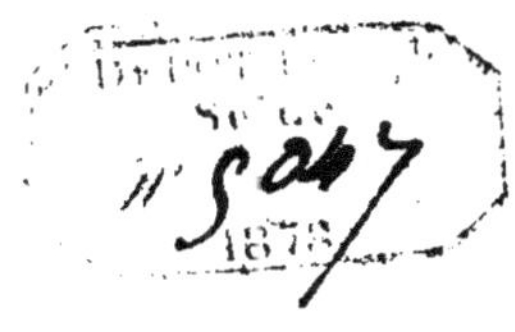

PARIS

LIBRAIRIE DE G. MASSON

LIBRAIRE DE L'ACADÉMIE DE MÉDECINE

PLACE DE L'ÉCOLE-DE-MÉDECINE

1873

RECHERCHES

SUR LES

MUCORINÉES

———

INTRODUCTION.

Depuis que les travaux modernes ont démontré le polymorphisme des organes reproducteurs d'un certain nombre de Champignons, tout le monde est d'accord pour reconnaître qu'une révision de la classe tout entière est devenue nécessaire. Aujourd'hui une espèce de Champignons ne peut être considérée comme bien connue, que si l'on a découvert tous les appareils que son mycélium est capable de produire sans cesser d'être identique avec lui-même, et si l'on a déterminé l'ordre suivant lequel ces appareils se succèdent ou alternent dans le cycle de végétation de la plante. Sans doute on pourra souvent préjuger de la place que doit occuper dans la classification naturelle une espèce dont on ne connaît encore qu'un seul appareil reproducteur; mais cette détermination devra toujours être tenue pour provisoire, et il faudra, sans se lasser, chercher à découvrir les autres formes reproductrices qui seules permettront de la rendre définitive. Il peut arriver en effet, et nous ne tarderons pas à en voir des exemples, que deux espèces, même appartenant à des genres distincts, présentent dans une de leurs formes reproductrices, et précisément dans la seule qu'on leur connaît à un moment donné, une ressemblance si complète, qu'on peut à bon droit se croire fondé à les identifier. Le nombre et la nature des appareils que possède une espèce ne peuvent d'ailleurs être déduits à l'avance d'une loi générale; car, suivant les diverses familles de la classe, le cycle de végétation peut embrasser un parcours différent.

Ainsi entendue, la connaissance des Champignons présente, on le conçoit, de très-grandes difficultés qui expliquent la lenteur de ses progrès, l'incertitude de sa marche, et même, jusqu'à un certain point, l'impulsion rétrograde que certains auteurs semblent s'efforcer de lui imprimer et la confusion où elle est tombée dans leurs mains. Ces difficultés sont de deux sortes, à la fois synthétiques et analytiques. Les premières se montrent quand on veut rapporter à l'espèce à laquelle il appartient un appareil reproducteur rencontré dans la nature à l'état isolé. Les autres surgissent dès qu'il s'agit de démêler, au milieu de plusieurs formes reproductrices habituellement mélangées, celles qui ont réellement un lien de filiation; car il faudra dégager avec soin les faits de commensalité et de parasitisme du polymorphisme véritable.

Pour arriver à cette connaissance complète de l'espèce, observée dans le cycle total de son développement, et résoudre les deux ordres de difficultés que nous venons de signaler, il n'y a évidemment qu'une seule marche possible à suivre, et elle est très-simple en principe. Il faut faire comme on fait quand il s'agit d'une plante supérieure. On sème *une* graine, et l'on suit le développement complet, végétatif et reproducteur du végétal qui en émane, jusqu'à ce que, par la production de graines nouvelles, on soit ramené au point de départ. Ici de même, il faut semer *une* spore, et suivre, sans interruption aucune, et en écartant avec soin tout être étranger, l'évolution végétative et reproductrice de la plante qui en procède, jusqu'à ce que l'on ait épuisé toutes les formes reproductrices que le système végétatif de cette plante est capable de porter, dans les divers milieux où il sera quelquefois nécessaire de l'étudier pour obtenir ce complet épuisement. Il n'y a de différence sous ce rapport, entre les Champignons et les végétaux supérieurs. que dans l'extrême petitesse de la spore unique qui doit servir ici de point de départ;

mais cette petitesse ne peut rien changer au principe de la méthode, elle entraîne seulement des difficultés d'ordre pratique qu'on peut arriver à vaincre en suivant un procédé rigoureux d'observation.

La méthode que nous avons suivie dans ce travail pour mettre en pratique ce principe si simple, *la culture d'une spore*, comprend deux parties qui se complètent : les cultures *en grand* dans le laboratoire, et les cultures *cellulaires*.

Dans la culture *en grand*, le milieu nutritif, préalablement dépouillé, s'il y a lieu, de germes étrangers, est placé dans des soucoupes de porcelaine ou de terre poreuse, et enfermé, sous une cloche ou sous un disque de verre, dans une atmosphère humide. La nourriture y étant abondante, le système végétatif acquiert une grande vigueur, et les fructifications qui y apparaissent successivement atteignent tout le développement dont elles sont capables. Des prises, faites à intervalles réguliers dans ces grandes cultures, permettent donc déjà de juger des caractères principaux du mycélium et de son mode de végétation, et d'étudier les divers états de développement, la structure et la taille définitive des diverses fructifications qu'il porte, le tout dans les conditions les plus favorables. En outre et surtout, ces cultures en grand servent de sources pour les cultures cellulaires.

Par cultures *cellulaires*, nous entendons celles où la spore, puisée dans une grande culture pure, est semée, avec toutes les précautions nécessaires, dans une goutte liquide, accessible dans toutes ses parties à l'observation microscopique, pure elle-même de tout germe étranger, et enfermée dans une petite chambre close, ou *cellule* qui la maintient dans l'avenir à l'abri de l'apport ultérieur de spores étrangères. Ces cultures cellulaires permettent l'observation continue de la plante dans toutes les phases de son développement ; elles sont indispensables pour éclairer et décider tous les points délicats et critiques de son histoire. Voici la disposition du petit appareil, au moyen duquel nous pratiquons ces expériences.

Au milieu d'un porte-objet ordinaire, on colle au baume de Canada un anneau de verre de 4 à 5 millimètres de hauteur, obtenu en sciant un tube à analyse organique, et en usant les bases pour les aplanir. Un verre à couvrir mince, taillé en rond, et d'un diamètre suffisant pour s'appuyer sur les bords de l'anneau sans les dépasser, vient fermer la paroi supérieure de cette petite chambre ou cellule; il est maintenu par trois très-petites gouttelettes d'huile grasse posées sur les bords de l'anneau. Pour que l'air intérieur soit toujours saturé d'humidité, on dépose quelques gouttes d'eau au fond de la cellule. Enfin une petite goutte du liquide nutritif pur est suspendue au centre de la face inférieure du verre mince ; c'est dans cette goutte qu'on sème la spore à cultiver. Cette goutte se trouve ainsi accessible à l'observation microscopique dans toutes ses parties, tant que l'on n'emploie pas de trop forts grossissements ; son bord peut être étudié avec les objets à immersion les plus puissants ; enfin, les faibles grossissements permettent même d'explorer toute l'étendue de la cellule, et d'y suivre dans l'air toutes les fructifications qui s'y développent. On peut d'ailleurs, si le besoin s'en fait sentir à une époque quelconque, transporter le verre mince sur un porte–objet ordinaire, et étudier toute la préparation avec les plus forts objectifs, en sacrifiant la culture.

Le porte-objet cellulaire doit être à son tour placé dans une atmosphère saturée d'humidité. Une boîte plate [de fer–blanc ou de zinc, munie d'un couvercle de métal fermant exactement ou d'une lame de verre, et dont le fond contient, soit une tranche de brique humectée sur laquelle on pose directement les porte–objets, soit une couche de sable ou de plâtre imbibée d'eau et au-dessus de laquelle les porte-objets sont soutenus par deux lames métalliques (pl. 20, fig. 1), convient parfaitement pour cet objet. La même boîte peut contenir côte à côte, comme on le voit figure 1, deux rangées de porte-objets cellulaires, soit vingt porte-objets par exemple, et ces boîtes plates peuvent à leur tour se superposer, de façon qu'on peut disposer dans une petite étuve à température constante un très-grand nombre de cultures cellulaires à la fois.

Ce procédé permet, on le conçoit, de suivre avec la plus grande facilité et sans interruption aucune, heure par heure, si cela est nécessaire, tous les détails de la germination de la spore, tous les caractères du mycélium qui en émane, toutes les phases du développement des diverses fructifications que ce mycélium produit ; en un mot, toute la vie de la plante, quelque long que soit le temps qu'elle exige pour s'achever. Elle permet, en outre, de consacrer à chaque observation tout le temps nécessaire à l'exploration des diverses régions de la plante, au dessin à la chambre claire des parties les plus intéressantes, etc., tous avantages que les cultures sur porte-objet découvert, telles qu'on les pratique habituellement, ne possèdent en aucune façon. Il est clair d'ailleurs que ces cultures sur porte-objet découvert comportent des causes d'erreur, dont les cultures cellulaires sont jusqu'à un certain point garanties, notamment celles qui dérivent de la chute des germes étrangers dans la goutte pendant tout le temps de la culture.

Sans doute, malgré les avantages du dispositif, et malgré toutes les précautions qu'on peut prendre, il n'est pas rare de voir, dans ces cultures cellulaires, des spores étrangères s'introduire dans la goutte avant ou pendant le semis ; mais comme, aussitôt fait, le semis est étudié et contrôlé avec soin, ces spores sont signalées et exactement notées. Si donc on ne rejette pas toujours absolument les cultures mêlées qui proviennent de ces semis impurs, ce qu'il est sage de faire le plus souvent possible, on sait au moins qu'au point de vue des conséquences, on ne doit les tenir qu'en très-médiocre estime. Sans doute encore, c'est toujours par hasard qu'on arrive à ne semer qu'une seule spore dans la goutte nutritive ; mais ces hasards ne manquent pas de se produire souvent quand on multiplie les essais. Et d'ailleurs, si l'on ne sème qu'un petit nombre de spores, ce qu'il est toujours facile de faire, on pourra, en contrôlant le semis, en noter une en particulier, aisée à retrouver, et sur laquelle on concentrera dans la suite toute son attention.

On peut, il est vrai, se demander si une quantité de matière nutritive aussi faible que celle que renferme une petite goutte de liquide pourra suffire au développement complet de la plante. Le succès même des cultures vient faire à cette question une réponse décisive. Ce fait n'en est pas moins remarquable, et l'on est parfois étonné de voir de grandes espèces, telles que le *Phycomyces nitens*, développer un mycélium puissant et de nombreuses fructifications qui peuvent atteindre jusqu'à 8 centimètres de hauteur, dans une gouttelette de jus d'orange ou même d'un liquide minéral très-étendu. Il y a naturellement des réductions de taille, mais ces modifications sont par elles-mêmes fort instructives.

Il est également très-intéressant de rechercher l'influence que la nature du milieu nutritif peut exercer sur la germination des spores, sur la vigueur du mycélium, et surtout sur la production de telle ou telle forme reproductrice. Les liquides auxquels nous avons eu recours le plus souvent sont le jus d'orange bouilli et filtré, liquide acide et sucré, et la décoction de crottin de cheval également bouillie et filtrée, liquide neutre ou alcalin et abondamment pourvu de principes azotés. Cette dernière liqueur est propre à la culture d'un plus grand nombre d'espèces que la première, mais elle paraît moins riche en matière nutritive, car la végétation y est beaucoup moins vigoureuse ; en outre elle se prête trop facilement au développement et à la multiplication des Bactéries, qui font échouer les cultures. Le jus d'orange est beaucoup plus nutritif ; comme il est acide, les Infusoires n'y apparaissent pas, et le seul ennemi à craindre est le *Penicillium glaucum* : aussi l'avons-nous employé de préférence à la décoction toutes les fois que cela a été possible. Nous avons, en outre, comme points de comparaison, fait de nombreux essais avec le moût de bière, avec l'eau de levûre sucrée ou non, avec des liquides artificiels minéraux non sucrés ou sucrés (1), enfin avec l'eau ordinaire.

(1) Composition du liquide minéral le plus souvent employé :

Nitrate de chaux	4	grammes.
Phosphate de potasse	1	id.
Sulfate de magnésie	1	id.
Nitrate de potasse	1	id.
Eau	700	id.

Ce liquide est employé tel quel, ou avec addition de 7 grammes de sucre.

Il s'en faut d'ailleurs de beaucoup que la question du milieu ait l'importance qu'on lui a longtemps attribuée. Un grand nombre d'espèces se sont montrées aptes à végéter et à se reproduire en cellule dans tous les milieux essayés, et il n'est pas entièrement certain que tous les échecs que nous avons subis dans les autres cas se maintinssent, si l'on renouvelait les tentatives. Les causes d'échec des cultures sont en effet très-diverses et souvent très-obscures; l'état des spores, leur âge notamment, y exerce quelquefois une grande influence qu'on se tromperait fort à attribuer au milieu nutritif. Aussi avons-nous cru sage de ne tirer jamais aucune conséquence de ces sortes d'échecs, et de n'y attacher, même quand ils se reproduisent avec persistance dans des essais répétés, qu'une valeur purement négative.

Telle est la méthode de recherches que nous avons suivie dans ce travail sur les Mucorinées, et que nous croyons absolument indispensable d'appliquer toutes les fois que l'on veut résoudre quelqu'un des problèmes délicats et difficiles que soulève le fait du polymorphisme des organes reproducteurs dans les Champignons.

A notre avis, c'est pour n'avoir pas suivi du tout cette méthode, pour s'être borné à des cultures en grand, d'une pureté plus que douteuse, et n'avoir pas fait de cultures sur porte-objet, que certains auteurs récents ont introduit, dans l'étude de la famille qui va nous occuper ici, de graves erreurs et une déplorable confusion, en croyant y établir un polymorphisme sans règle et sans limites. C'est pour ne l'avoir pas appliquée avec rigueur après en avoir senti la nécessité, pour s'être bornés à faire des semis sur porte-objet découvert, que d'autres, plus sages et plus réservés en matière de transformations, se sont cependant laissés entraîner à admettre un polymorphisme encore beaucoup plus étendu qu'il n'est en réalité, et à identifier des formes nettement distinctes. Afin de n'avoir plus à y revenir, et pour mieux marquer en même temps la voie où nous a conduit notre méthode, où se sont exercés nos efforts, et où s'est développé le travail qu'on va lire, citons ici quelques exemples de ces deux catégories d'auteurs.

Parmi ceux qui ont été conduits à admettre et qui ont cru avoir démontré le polymorphisme le plus étendu, prenons pour exemples les travaux récents de M. Carnoy et de M. Klein.

Le mémoire de M. J.-B. Carnoy est intitulé : *Recherches anato-miques et physiologiques sur les Champignons* (1). Le gouvernement belge vient de lui décerner le prix quinquennal des sciences naturelles, sur un rapport extrêmement louangeur, adressé au ministre de l'intérieur par un jury présidé par M. d'Omalius d'Halloy (2). Voyons cependant si ce travail a un mérite réel.

L'auteur y étudie surtout un *Mucor* qu'il considère comme nouveau et qu'il nomme *Mucor romanus*. Nous ne saurions voir dans cette plante autre chose que le *Phycomyces nitens* de Kunze, Mucorinée des mieux caractérisées, et dont le signe extérieur le plus frappant est bien connu depuis Agardh, qui l'a signalée dès 1817 sous le nom significatif d'*Ulva nitens;* nous l'avons nous-mêmes longtemps cultivée, comme on le verra plus loin. Il est regrettable que M. Carnoy n'ait pas su reconnaître la plante si caractéristique qu'il étudiait, et que ce qu'il peut y avoir d'exact et de nouveau dans les longs et minutieux détails d'anatomie auxquels est consacrée la première partie de son travail, ait ainsi perdu tout son prix.

Dans la seconde partie, toute physiologique, de son mémoire, M. Carnoy essaye de démontrer que son *Mucor romanus*, quoique n'étant pas une des espèces du genre les plus riches en transformations, n'en a pas moins deux vies différentes correspondant à deux mycéliums distincts qui peuvent se transformer l'un dans l'autre : une vie mucoréenne avec un mycélium non cloisonné au début, et une vie mucédinéenne avec un mycélium cloisonné dès l'origine. En outre, dans chacun de ces

---

(1) *Bulletin de la Société royale de Botanique de Belgique,* t. IX, n° 2, décembre 1870, p. 157-321, avec 9 planches.

(2) Concours quinquennal des sciences naturelles, période de 1867-1871. Rapport du jury à M. le Ministre de l'intérieur. (*Moniteur belge,* 12 novembre 1872.)

modes de vie, il peut revêtir plusieurs formes, et il jouit ainsi d'un double polymorphisme. Son polymorphisme mucoréen est, il est vrai, peu étendu ; moins fécond que le *Mucor vulgaris*, il ne présente guère, outre la forme sporangiale ordinaire, que ce que l'auteur appelle des macrogonidies, les unes mycéliennes, les autres sans mycélium. Mais en revanche, dans sa vie mucédinéenne, le *Mucor romanus* revêt jusqu'à cinq formes différentes : tour à tour levûre, *Torula*, *Penicillium*, *Botrytis*, il s'élève enfin jusqu'à acquérir un périthèce d'Ascomycète, et non-seulement ou obtient toutes ces formes en partant du *Mucor romanus*, mais chacune d'elles à son tour reproduit directement ou indirectement le *Mucor romanus*.

Toutes ces métamorphoses nous paraissent absolument illusoires. Elles ont paru se produire dans de grandes cultures, où, comme on sait, toutes les causes d'erreur viennent s'accumuler, et, pour toute démonstration, M. Carnoy en fait reposer la réalité sur une prétendue continuité de tissu, impossible à vérifier dans ces conditions, et sur des semis évidemment impurs. Un exemple pris au hasard suffira pour montrer avec quelle légèreté ce travail a été accompli.

Prenons la transformation du *Botrytis* en *Mucor romanus*. « La germination de ces spores de *Botrytis*, dit M. Carnoy (p. 309-314) donne lieu à des phénomènes du plus haut intérêt et d'une importance capitale pour l'histoire des Champignons. Ces productions, évidemment mucédinéennes, ont tout à fait la valeur des spores sporangiales et des macrogonidies du *Mucor romanus*. Vient-on à les semer sur une orange, elles germent immédiatement, et, au grand étonnement de l'observateur, elles donnent naissance à un mycélium mucoréen des mieux caractérisés et d'une puissance extraordinaire. On ne peut se lasser de répéter l'expérience pour se procurer le bonheur de contempler à loisir une pareille métamorphose. Le fait est d'ailleurs bien facile à observer, et il est tellement palpable, qu'il crève les yeux. Le nier, c'est nier la lumière du soleil. Tout se passe, pendant la germination, comme avec les spores muco-

réennes ; la spore grossit… et donne, après vingt-quatre heures,
un mycélium que, sans recourir à la spore qui lui a donné naissance, il serait impossible de distinguer d'un mycélium issu d'une
spore sporangiale véritable. Aussi, la première fois que nous le
rencontrâmes, nous nous dîmes qu'*il devait nécessairement donner naissance à une forme mucoréenne*, et en effet nous vîmes,
à la fin du deuxième jour, ses ramifications se recouvrir de cellules sporangifères, que nous reconnûmes déjà, à première vue,
pour être celles du *Mucor romanus*. Nous ne connaissons pas de
phénomènes plus aisés à constater que les précédents. Ils sont
aussi évidents que certains. »

Certes voilà une métamorphose radicale, et les termes si con-
vaincus où elle est affirmée sont bien propres à en imposer au
lecteur. Cherchons cependant à la vérifier. Nous avons bien des
fois rencontré, sur les excréments de l'homme et des animaux,
le *Botrytis* dont parle M. Carnoy. Les spores germent parfaitement en cellule dans la décoction et même dans l'eau ordinaire,
en donnant un mycélium cloisonné et anastomosé qui se couvre, après quarante-huit heures, de spores de *Botrytis* semblables aux précédentes. Dans le jus d'orange, au contraire, ou
dans tout autre jus de fruit acide, ces spores de *Botrytis* refu-
sent absolument de germer. Si donc le semis cellulaire était
parfaitement pur, il ne donne rien ; mais si les spores de *Botrytis* semées étaient mêlées de spores d'un *Mucor* quelconque,
elles n'empêchent naturellement pas ces dernières de se développer dans le jus d'orange, et, du semis de *Botrytis*, on obtient
une récolte de *Mucor romanus*, ou autre. Seulement il est
facile de voir qu'en multipliant suffisamment ces semis impurs,
les spores de ce même *Botrytis*, tout en ne germant jamais, pro-
duiront, suivant la nature des spores étrangères qu'on aura semées avec elles, un nombre indéterminé d'espèces différentes
du genre *Mucor*, ou même d'un genre de Champignons quelconque, pourvu qu'il soit capable de se développer dans le jus
d'orange.

C'est cette incapacité du *Botrytis* à germer sur orange, qui
explique l'aveu fait par M. Carnoy quelques lignes plus loin.

«Quant à la forme *Botrytis*, nous n'avons jamais pu la faire apparaître en semant les spores sur des oranges ou des citrons. Le *Botrytis* du *Mucor vulgaris* est dans le même cas. Malgré les nombreuses cultures que nous avons faites de ces deux Mucédinées, nous n'avons jamais rencontré leur gros mycélium extérieur, ni une seule de leurs fructifications, sur des substances végétales. » (P. 312.)

Après cet exemple il nous paraît inutile de reprendre une à une les prétendues transformations que, selon M. Carnoy, le *Mucor romanus* subirait dans sa vie mucédinéenne ; elles reposent toutes sur des erreurs analogues. Mais nous insisterons sur ce point, que l'origine même de cette vie mucédinéenne du *Mucor romanus*, c'est-à-dire la transformation du mycélium mucoréen de cette plante en un mycélium mucédinéen, procède d'une des erreurs les plus graves qui aient encore été commises dans ce genre d'études. L'observation montre en effet que le mycélium d'un Champignon, c'est-à-dire son appareil végétatif, se conserve toujours identique à lui-même, et qu'il représente l'unité de la plante, au milieu de la variété des appareils reproducteurs qu'il peut produire et porter. On n'observe jamais de ces modifications totales qui, frappant à la fois la plante dans son système végétatif et dans son appareil reproducteur, constitueraient la transformation d'une espèce en une autre espèce entièrement différente. Il n'y a jamais métamorphose de la plante entière, mais seulement polymorphisme de ses appareils reproducteurs, et les choses se passent ici comme dans les Algues, comme dans les *Marchantia*, etc. La forme commune dont tous ces appareils reproducteurs émanent, le système végétatif, le mycélium, la plante, en un mot, se conserve toujours identique à elle-même.

Nous n'aurions pas autant insisté sur le travail de M. Carnoy, s'il n'avait reçu tout récemment une consécration officielle aussi éclatante qu'inattendue.

C'est à la suite d'erreurs du même genre, quoique d'ordre moins grave, et provenant du même vice de méthode, que M. J. Klein a été conduit à affirmer la transformation des *Pilobolus* en *Mucor* (1). M. Klein sème, il est vrai, ses spores de *Pilobolus* sur le porte-objet, mais c'est dans une goutte de jus de fruit recouverte d'une lamelle, et c'est sur les bords libres de la goutte qu'il observe le développement et la fructification du *Mucor*, bords soumis, comme on sait, à toutes les causes d'erreur et inaccessibles à l'observation rigoureuse. Il est singulier d'ailleurs que les soupçons de M. Klein n'aient pas été éveillés par l'étrangeté même des résultats qu'il obtenait. Ainsi des spores de *P. crystallinus*, semées sur du jus de pruneaux cuits contenu dans un verre de montre, lui donnent des sporanges d'un certain *Mucor*, qu'il représente pl. XXIX, fig. 1-4. D'autre part, des spores de la même culture de *P. crystallinus*, semées sur du crottin de cheval bouilli, y développent de nouvelles fructifications de *P. crystallinus*. Ces spores de seconde génération, semées à leur tour sur du jus de fruit sucré, produisent, encore cette fois, des sporanges de *Mucor*, mais d'un *Mucor* très-différent du premier (fig. 6-16). De sorte qu'on arrive à ce résultat quelque peu surprenant, que des spores de la même espèce de *Pilobolus* se transforment, suivant le degré de génération auquel elles appartiennent, en *Mucor* d'autant d'espèces différentes. D'ailleurs ces spores de *Mucor*, tant de l'une que de l'autre espèce, semées à leur tour, n'ont jamais reproduit que du *Mucor* semblable à celui dont elles proviennent, sans revenir jamais au *Pilobolus*.

A la première annonce de ces résultats, nous nous sommes naturellement empressés de chercher à les vérifier, mais toujours sans succès. Aussi bien les spores du *P. œdipus* que celles du *P. crystallinus* ont refusé de germer en cellule dans le jus de pruneaux cuits, ou n'y ont formé que des tubes peu allongés, et chaque fois que le semis a été pur, il n'a rien produit. Ce n'est pas cependant que quelques-unes de nos cultures cellulaires ne nous aient donné aussi du *Mucor*, et même des *Mucor* de plusieurs espèces; mais nous nous y attendions à l'avance,

____

(1) J. Klein, *Zur Kenntniss des* Pilobolus (*Jahrbücher für wiss. Botanik*, VIII, Heft 3, juin 1872), 3ᵉ partie, *Pléomorphie*, p. 362-376.

car le semis, contrôlé avec soin, nous avait montré : une fois, parmi 17 spores de *Pilobolus*, trois spores de *Mucor* qui ont en effet développé un vigoureux mycélium et ont abondamment fructifié, et une autre fois, au milieu de 9 spores de *Pilobolus*, une spore d'un *Mucor* différent qui a aussi fructifié. Mais, dans d'autres semis, les spores étrangères accidentellement introduites étaient de nature très-différente, et l'on obtenait du *Botrytis cinerea*, de l'*Alternaria tenuis*, etc., plantes qui avaient, avec le *Pilobolus* semé, exactement le même genre de relations que nos *Mucor* et ceux de M. Klein.

M. de Bary a, le premier, proclamé la nécessité des cultures sur porte-objet, suivies sans interruption depuis les spores semées jusqu'aux fructifications nouvelles, pour décider les difficiles questions soulevées par le polymorphisme des Champignons. Pour la famille des Mucorinées (1), la simple application de cette méthode l'a porté à rejeter, comme entachées d'erreur, les transformations illimitées que certains auteurs croient avoir observées, notamment celles qui font rentrer la levûre de bière, le *Penicillium*, l'*Achlya*, etc., dans le cycle de végétation du *Mucor*. Mais MM. de Bary et Woronine, se contentant de cultures sur porte-objet découvert, n'ont pas donné à cette méthode toute la rigueur qu'elle comporte. Aussi ont-ils été conduits à admettre, à l'intérieur de la famille des Mucorinées, un polymorphisme beaucoup plus large que celui qui y existe en réalité. Ils regardent, en effet, comme démontrée l'identité spécifique du *Mucor Mucedo*, Fres., non-seulement avec des espèces voisines, mais certainement distinctes, comme les *M. bifidus*, Fres., *M. racemosus*, Fres., etc., mais encore avec le *Thamnidium elegans*, Link, et le *Chœtocladium Jonesii*, Fres., qui sont les types de deux genres bien distincts.

Nous-mêmes, nous n'hésitons pas à en convenir, nous avons, au début de nos études, commis la même erreur. Nous contentant de semis sur porte-objet ordinaire, et confiants dans l'au-

____

(1) De Bary et Woronine, *Zur Kenntniss der Mucorinen* (*Beiträge zur Morphologie und Physiologie der Pilze*, 2e série, 1866, p. 13).

torité d'un tel maître, nous avons cru vérifier les résultats obtenus par M. de Bary, et nous avons admis sa doctrine en ce qui concerne les relations du *Thamnidium* et du *Chætocladium* avec le *M. Mucedo*. Nous avons fait remarquer, toutefois, que les organes reproducteurs de ce *Chætocladium* ne sont pas des conidies, des spores acrogènes, comme on l'admettait, mais des sporanges monospermes. En même temps, comme nous rencontrions sur l'*Helicostylum elegans* Cord. un grand sporange terminal, ayant avec celui du *M. Mucedo* la même ressemblance que le grand sporange terminal du *Thamnidium*, nous étions forcés d'admettre que ce type a, avec le *M. Mucedo*, les mêmes relations que le *Thamnidium*, et qu'il rentre au même titre que le *Thamnidium* lui-même dans le cycle de développement du *M. Mucedo*, dont il est ainsi un nouvel appareil reproducteur (1). D'autre part, nous décrivions un type nouveau de Mucorinées qui, par des semis sur porte-objet, avait, comme le *Chætocladium*, reproduit le *Mucor*, et nous étions obligés d'admettre que ce type nouveau rentrait, lui aussi, au même titre que le *Chætocladium*, dans le cercle de développement de cette espèce. Le *M. Mucedo* comptait ainsi, outre ses sporanges caractéristiques, non plus deux formes reproductrices nouvelles, comme le voulaient MM. de Bary et Woronine, mais quatre sortes de sporanges distinctes. En outre, nous faisions connaître en même temps pour la première fois les zygospores de cette plante (2).

Mais bientôt après, nous étant astreints à ne faire sur porte-objet que des semis cellulaires et à en vérifier sévèrement la pureté, nous avons pu cultiver pendant une longue suite de générations et sans trace de *Mucor*, le *Chætocladium*, le *Circinella* et aussi l'*Helicostylum* et le *Thamnidium*. Nous avons dû dès lors renoncer entièrement à la doctrine de MM. de Bary et Woronine, et nous avons compris que nous étions désormais dans la bonne voie.

(1) Journal *l'Institut*, 13 mars 1872.
(2) *Comptes rendus*, t. LXXIV, 8 avril 1872.

C'est dans ce sens que nous nous sommes formellement prononcés, en faisant, le 9 septembre 1872, au congrès de Bordeaux, sur les *Circinella*, genre nouveau de la famille des Mucorinées, une communication dont on trouvera le texte plus loin. Peu de temps après, nous eûmes connaissance du beau travail de M. Brefeld (1), et ce n'est pas sans une vive satisfaction que nous vîmes que ce botaniste, après avoir, lui aussi, au début, cru vérifier les résultats publiés par MM. de Bary et Woronine, et admis leur doctrine concernant le *Mucor Mucedo* et le *Chæto-cladium*, était arrivé comme nous à rejeter cette théorie et à proclamer l'indépendance du *Mucor Mucedo*, notamment par rapport au *Chætocladium*. M. Brefeld paraît cependant n'avoir pratiqué que des semis sur porte-objets découverts et placés sous cloche dans une atmosphère humide (*loc. cit.*, p. 5); mais en les multipliant suffisamment, il est parvenu à éliminer certaines causes d'erreur.

On puisera peut-être quelques réflexions instructives dans ce changement apporté à leurs vues premières par deux observateurs indépendants.

Cela posé, connaissant bien, par les exemples qui précèdent, les erreurs qu'il s'agit d'éviter et les précautions qu'il faut prendre pour n'y pas tomber, nous pouvons pénétrer dans l'exposé de notre sujet.

Nous avions pensé tout d'abord à entreprendre une monographie de la famille des Mucorinées, mais nous n'avons pas tardé à nous apercevoir qu'il n'est pas temps encore de tenter utilement ce travail d'ensemble. Sans parler de la caractérisation des nombreuses espèces du genre *Mucor*, qui est tout entière à créer, et dont nous ne nous occuperons pas aujourd'hui, les quelques types nouveaux que nous faisons connaître dans ce premier mémoire, et qui sont loin d'épuiser ce riche sujet, suffiront peut-être à démontrer la nécessité de cette attente. Nous nous

(1) O. Brefeld, *Botanische Untersuchungen über Schimmelpilze* (*Mucor Mucedo*, *Chætocladium Jonesii*, *Piptocephalis Freseniana*). Leipzig, août 1872.

proposons donc seulement d'exposer ici, dans une série d'articles distincts, les résultats de nos cultures en grand et de nos cultures cellulaires, en tant qu'ils concernent la famille des Mucorinées.

Mais il faut commencer par résumer les caractères généraux de cette famille, tels au moins qu'il est permis de les tracer dans l'état actuel de la science.

I

CARACTÈRES GÉNÉRAUX DE LA FAMILLE DES MUCORINÉES.

La caractéristique d'une famille quelconque de Champignons doit être tirée à la fois du système végétatif ou mycélium, de l'appareil unique de la reproduction sexuée, des appareils souvent multiples de la reproduction asexuée, enfin de l'ordre suivant lequel se succèdent ces divers appareils reproducteurs et qui détermine l'alternance des générations.

MycÉLIUM. — Le système végétatif des Mucorinées, leur mycélium, comme celui de la plupart des autres Champignons, a toujours pour point de départ une spore asexuée, c'est-à-dire d'origine simple ; la spore sexuée, d'origine double, l'oospore ou l'œuf, au contraire, ne forme jamais de mycélium en germant, mais produit toujours directement, comme dans la presque totalité des autres Champignons, comme aussi dans les Muscinées, un appareil reproducteur asexué.

Placée dans les conditions favorables, cette spore asexuée, toujours dépourvue de cloisons, émet un ou plusieurs tubes qui s'allongent en se ramifiant et constituent un mycélium de plus en plus puissant. Ce mycélium est toujours unicellulaire au début, comme celui des Péronosporées et des Saprolégniées, les tubes étant totalement dépourvus de cloisons transverses. Le protoplasma plus ou moins granuleux qui remplit ces tubes a aussi des caractères différents de celui qu'on y trouve chez les Ascomycètes et les Basidiomycètes. Plus tard, quand les filaments se vident de protoplasma, des cloisons plus ou moins irrégulièrement distribuées y apparaissent. En général, ces tubes mycéliens se croisent en demeurant indépendants; mais dans quelques genres de la famille (*Mortierella, Syncephalis*, etc.), ils contractent au contraire de fréquentes anastomoses. Leur membrane n'est jamais colorée.

Ce mycélium, tantôt végète exclusivement à l'intérieur du milieu nutritif, tantôt s'étend à la fois dans ce milieu et dans l'air. Chez quelques Mucorinées, il peut, quand l'occasion s'en présente, se fixer sur le mycélium ou sur les appareils reproducteurs d'autres plantes de la même famille, et se nourrir de leur substance, vivre en un mot en parasite (*Chœtocladium, Piptocephalis, Syncephalis*). Mais ce parasitisme ne paraît jamais être nécessaire, car ce même mycélium végète et fructifie fort bien quand on l'isole complétement, comme il est facile de le faire dans les cultures cellulaires. C'est un parasitisme facultatif, avantageux sans nul doute, mais non absolu. On ne peut donc pas dire qu'aucune des Mucorinées actuellement connues soit parasite, au sens que l'on attache d'ordinaire à ce mot et qui implique une nécessité d'existence.

Reproduction asexuée. — *Forme sporangiale*. —Sur ce mycélium, toutes les Mucorinées développent un réceptacle dressé dans l'air, tantôt énergiquement attiré par la lumière (*Mucor, Phycomyces*, etc.), tantôt insensible à son action (*Rhizopus, Circinella*), dont la membrane se colore en bleu ou tout au moins en violet ou en rose par le chlorure de zinc iodé, et qui se termine par un système de sporanges à l'intérieur desquels naissent, par voie de division, les spores asexuées. Tantôt ces sporanges sont globuleux, et le plus souvent ils renferment alors un nombre de spores considérable, et qui varie beaucoup suivant les dimensions du sporange, pouvant, dans la même espèce, dépasser 50 000 et descendre au-dessous de 10 (*Phycomyces, Mucor*, etc.); mais quelquefois ce nombre se réduit à l'unité et demeure alors constant, le sporange globuleux est monosperme (*Chœtocladium*). Tantôt, au contraire, les sporanges ont la forme de tubes étroits et ne contiennent qu'une seule rangée de spores qui se suivent en chapelet (*Piptocephalis*, *Synce-phalis*).

La déhiscence du sporange s'opère, suivant les cas, d'une manière un peu différente. Ici sa membrane se résorbe totalement et sans laisser de traces, aussitôt après la maturité des spores, tandis qu'une goutte d'eau sécrétée au sommet du réceptacle enveloppe les spores devenues libres (*Mortierella*, *Pipto-cephalis*, *Syncephalis*). Là, au contraire, la membrane persiste autour des spores, et c'est par une déchirure, tantôt immédiate et circulaire à la base (*Pilobolus*) ou vers le milieu de la hauteur (*Circinella*), tantôt postérieure à la chute totale des sporanges (*Chætocladium*), que la dissémination a lieu. Ailleurs encore se trouve réalisé un cas intermédiaire : le fond de la membrane se résorbe avec plus ou moins de facilité ou se dissout dans l'eau, mais en laissant subsister les granules sombres ou les pointes d'oxalate de chaux qui l'incrustaient (*Mucor bifidus*, *Mucedo*, etc.; *Rhizopus*, etc.). Enfin, tantôt la cloison qui sépare le sporange du filament qu'il termine est plane (*Chætocladium*, *Mortierella*, etc.), tantôt elle se voûte plus ou moins fortement en dedans, en formant ce qu'on appelle souvent la columelle (*Mucor*, *Phycomyces*, *Circinella*, etc.).

En général, les Mucorinées n'ont qu'une seule espèce de sporanges, mais quelques genres possèdent deux systèmes de sporanges, nettement différenciés dans l'âge adulte à la fois par la structure du sporange lui-même et par celle du réceptacle qui les porte (*Thamnidium*, *Helicostylum*, *Chætostylum*), mais qui produisent cependant des spores identiques.

On tire de ce système sporangial simple ou double, notamment de l'organisation du réceptacle, des sporanges et des spores, de précieux caractères pour la détermination des genres.

Forme chlamydée. — Outre ces spores asexuées nées dans un sporange, que toutes les Mucorinées possèdent, certains genres de la famille, peut-être même tous, produisent, sur le même mycélium, d'autres spores nées isolément à l'intérieur de la membrane du filament par une condensation locale et une transformation du protoplasma, et qui sont mises en liberté par la résorption de cette membrane : ce sont les *chlamydospores*, seconde forme de spores asexuées, très-différentes des premières par leur mode de formation, leur structure et leur rôle physiologique.

Les chlamydospores peuvent elles-mêmes revêtir deux aspects différents, suivant que les filaments qui les produisent sont plus ou moins spécialisés et différenciés par rapport au reste du mycélium.

Tantôt, en effet, le mycélium produit des branches qui se dressent dans l'air, et qui, simples ou ramifiées, se terminent chacune par une grosse spore endogène à membrane épaissie et hérissée de pointes ou de tubercules (*Mortierella*). Le mycélium peut végéter abondamment et longtemps en ne produisant que cette seule espèce de fructifications, en ne formant que ces chlamydospores aériennes pédicellées, et sous cette forme ces plantes ont dû être bien des fois rencontrées et méconnues, prises pour des Mucédinées, et notamment pour des *Sepedonium*.

Tantôt c'est à l'intérieur des filaments mycéliens eux-mêmes, et non à l'extrémité de branches spéciales, que le protoplasma se condense souvent vers la fin de la végétation, en certains points, pour former des corps reproducteurs de forme et de grandeur assez inégales, enveloppés par la membrane du tube primitif et mis en liberté par sa destruction ; ce sont des chlamydospores mycéliennes et sessiles. Ces chlamydospores mycéliennes, terminales ou intercalaires, isolées ou en chapelet, peuvent se développer aussi dans les filaments sporangifères qui, après la maturation du sporange, redeviennent en définitive de simples filaments mycéliens. On peut en rencontrer partout, depuis la cavité de la spore primitive, jusque dans la columelle du sporange vidé. Mais tous les genres, ni toutes les espèces d'un même genre, n'en développent pas également. Il y a notamment à cet égard de grandes différences entre les diverses espèces du genre *Mucor*.

Les *Mortierella* forment à la fois des chlamydospores mycéliennes, lisses, à l'intérieur du milieu nutritif, et des chlamydospores échinées à l'extrémité de rameaux spéciaux dressés dans l'air. Mais, comme nous le verrons plus tard, on y observe des transitions entre ces deux formes. Nous croyons donc que ces deux espèces de spores asexuées, très-différentes en apparence, ont le même mode d'origine endogène et méritent le même nom : toutes deux sont des chlamydospores, mais on distinguera entre les chlamydospores mycéliennes sessiles et les chlamydospores aériennes pédicellées.

On sait d'ailleurs que la production de chlamydospores n'est pas restreinte à la famille des Mucorinées, mais qu'on la rencontre aussi chez les Ascomycètes. M. Woronine a fait connaître en effet des chlamydospores pédicellées dans l'*Ascobolus pulcherrimus*, et à la fin du présent travail nous décrirons de ces mêmes organes dans le *Kickxella alabastrina*.

On voit donc que chez les Mucorinées le polymorphisme des organes reproducteurs asexués est très-restreint, puisqu'il ne s'exerce qu'entre la forme sporangiale, qui peut, il est vrai, être double, et la forme chlamydée, qui peut aussi revêtir dans quelques plantes deux aspects différents. Ce qu'il faut bien remarquer, c'est que, dans ces deux formes, la spore asexuée est toujours d'origine endogène ; sporangiospore ou chlamydospore, elle se forme à l'intérieur d'une cellule aux dépens de tout ou partie de son protoplasmá, et pour la mettre en liberté, il faut que la membrane de cette cellule se déchire ou se résorbe. Le *Chætocladium*, avec ses sporanges monospermes, peut paraître au premier abord établir une transition naturelle entre la forme sporangiale et la forme chlamydée ; mais ce n'est là qu'une apparence, car par son mode de formation, par sa structure et son rôle physiologique, la spore des *Chætocladium* se montre bien une sporangiospore et non une chlamydospore. La forme chlamydée est d'ailleurs encore assez peu connue, et peut-être certains genres sont-ils incapables de la produire.

Reproduction sexuée. — Après avoir donné naissance au système de sporanges et aux chlamydospores quand il en possède, le mycélium des Mucorinées produit en certains points, dans l'air (*Sporodinia*), ou à la surface du milieu nutritif (*Phy-*

comyces), ou dans son intérieur (*Mucor Mucedo*), des spores d'origine double, c'est-à-dire issues de la pénétration réciproque de deux masses protoplasmiques distinctes, en un mot des *oospores*. L'oospore naît toujours ici par voie de conjugaison égale ; elle est toujours une zygospore. Deux filaments semblables, ou dont la différence ne s'accusera que plus tard, droits (*Mucor*, *Rhizopus*, *Chætocladium*), ou arqués en mors de pince (*Phycomyces*, *Piptocephalis*), viennent toucher leurs extrémités renflées et séparées par une cloison ; en même temps dans chacune de ces deux cellules en contact le protoplasma se transforme en une oosphère. Puis la double paroi qui les sépare se résorbe, et les deux oosphères se fondent en une masse unique, ou oospore, qui s'accroît beaucoup et se revêt d'une épaisse membrane cartilagineuse hérissée de bosselures ou de pointes. Cette membrane propre de l'oospore est enveloppée par la mince pellicule formée par la membrane primitive des deux cellules conjuguées, laquelle se colore, noircit le plus souvent, et recouvre toutes les protubérances de la membrane interne. Dans les cas connus, l'oospore occupe le plus souvent tout le volume des deux cellules conjuguées ; dans le *Piptocephalis*, M. Brefeld a montré qu'elle n'occupe qu'une faible partie de ce volume et proémine en dehors, ce qui lui donne une position très-originale. L'oospore est donc de formation endogène, comme les spores asexuées : sporangiales ou chlamydées.

Pour germer, il faut que l'oospore ait été desséchée, et elle ne germe qu'après un certain temps de repos. Placée dans une atmosphère humide, elle donne alors naissance, directement et sans former de mycélium, à un système de sporanges doué de tous les caractères de ceux qu'on observe sur le mycélium où elle-même est née. Ces spores asexuées, semées dans des conditions favorables, reproduisent un mycélium qui développe bientôt à son tour de nouveaux systèmes de sporanges, des chlamydospores, et de nouvelles zygospores.

En résumé, les Mucorinées les mieux connues possèdent un mycélium et trois appareils reproducteurs : un appareil sexué

donnant par voie de conjugaison égale une oospore durable, et
deux appareils asexués, sporanges et chlamydospores. Tout au
plus quelques genres ont-ils deux formes de sporanges associées
ou disjointes, et quelques autres deux formes de chlamydospores. Sporangiospores et chlamydospores reproduisent en germant le mycélium dont elles proviennent ; l'oospore engendre
directement le système des sporanges (1). En sorte que, si l'on
appelle O l'oospore, S le système de sporanges, M le mycélium,
l'alternance des générations s'établit ainsi : O. S. M. S. M.... O;
et, si l'on tient compte des chlamydospores Ch. :

$$\text{O. S. M.} \begin{cases} \text{S. M..} \begin{cases} \text{S. M.} \ldots \ldots \text{O} \\ \text{Ch. M.} \ldots \ldots \text{O} \end{cases} \\ \text{Ch. M.} \begin{cases} \text{S. M.} \ldots \ldots \text{O} \\ \text{Ch. M.} \ldots \ldots \text{O} \end{cases} \end{cases}$$

Dans l'état actuel de la science, il est difficile d'affirmer que
ces appareils reproducteurs existent tous les trois dans tous
les représentants de la famille. En effet, un seul des trois est
connu dans toutes les espèces : le système sporangial. C'est lui
qui est pour le moment le lien commun des genres, et qui doit
dominer la caractéristique de la famille. Il nous paraît préma-
turé de la faire reposer sur l'appareil sexué, qui n'est encore
connu que dans six genres : *Sporodinia*, *Rhizopus*, *Mucor*,
Phycomyces, *Chætocladium*, *Piptocephalis*, et de changer, avec
M. Brefeld, le nom de Mucorinées contre celui de Zygomycètes.
Il est vrai que M. Brefeld n'admet pas que le *Chætocladium* et le
Piptocephalis possèdent des sporanges, mais seulement des conidies, simples comme dans les *Botrytis* ou en chapelet comme dans
les *Aspergillus;* dans sa pensée, le terme Zygomycètes est plus
large et plus compréhensif que le terme Mucorinées qu'il conserve pour tous les Zygomycètes à sporanges. C'est là, selon nous,
une erreur qui, atteignant la constitution même de la famille, ne
manque pas de gravité. Tous les Zygomycètes ont des sporanges,

___

(1) Il en est ainsi probablement dans tous les Champignons, dans les Ascomycètes
notamment, dont l'oospore, au lieu d'être durable, est transitoire et se développe tout
de suite en un système de thèques à spores asexuées. D'une façon générale, on peut
dire que le mycélium des Champignons procède directement d'une spore asexuée.

et il n'est pas démontré, jusqu'à présent, que toutes les Mucorinées aient des zygospores. Le terme Zygomycètes n'étant pas plus général que l'expression de Mucorinées, ancienne et familière à tous, et étant moins scientifique, nous ne voyons que des inconvénients à cette substitution.

En ce qui concerne la recherche des deux formes reproductrices encore inconnues dans beaucoup de Mucorinées, les zygospores et les chlamydospores, et le résultat probable que l'on obtiendra dans cette direction, une chose nous frappe : c'est que dans l'état actuel de nos connaissances, ces deux sortes d'organes, qui ont cela de commun, qu'ils sont durables et conservent longtemps, malgré la dessiccation, leurs facultés germinatives, sont en raison inverse l'un de l'autre. Où connaît-on les oospores? Dans des Mucorinées où jusqu'à présent on n'a pas signalé de chlamydospores leur appartenant bien authentiquement : *Sporodinia, Mucor fusiger, Mucor Mucedo, Rhizopus, Phycomyces, Chætocladium, Piptocephalis*. Où rencontre-t-on les chlamydospores? Dans les *Pilobolus, Mortierella, Mucor bifidus*, et beaucoup d'autres espèces de ce dernier genre dont on ne connaît pas jusqu'à présent les zygospores. Loin de nous la pensée de conclure de ce rapprochement que les zygospores n'existent pas chez les derniers, ni les chlamydospores chez les premiers. Nous voulons dire seulement que ces deux organes pouvant, jusqu'à un certain point, se remplacer au point de vue physiologique, résister également aux influences destructives du milieu extérieur, les espèces abondamment pourvues des uns forment plus rarement les autres ; en d'autres termes, qu'il y aura d'autant moins de chances de rencontrer bientôt les zygospores d'une espèce donnée, que cette espèce produit une plus grande quantité de chlamydospores, et inversement. L'avenir montrera jusqu'à quel point cette remarque est fondée.

II

PHYCOMYCES Kunze.

Phycomyces nitens Kunze, pl. 20, fig. 2-17.

Cette plante a été découverte par C. Agardh sur les murs et le bois des moulins et des caves à huile en Finlande (1). Ne connaissant pas ses organes reproducteurs et frappé surtout de la couleur vert sombre et de l'éclat de ses larges filaments aplatis, C. Agardh l'a prise pour une Algue et l'a appelée *Ulva nitens*, nom sous lequel elle était encore désignée par lui en 1823 (2). Cette même année 1823, G. Kunze l'a rencontrée dans les mêmes circonstances en Saxe, et notamment aux environs de Leipzig et de Dresde; ayant aperçu les columelles qui terminent les filaments fructifères et les spores allongées dont ces columelles sont couvertes, il l'a classée parmi les Champignons sous le nom de *Phycomyces nitens* (3). Mais l'existence du sporange qui enveloppe au début toutes les spores en même temps que la columelle paraît lui avoir échappé; aussi l'idée ne lui est-elle pas venue de rapprocher sa plante des *Mucor*, et c'est près des *Aspergillus* qu'il a cru devoir la placer. Plus tard M. Berkeley a rencontré la plante sur des vases gras et a observé l'organisation du sporange avant sa déhiscence; l'analogie que ce sporange présente avec celui des Mucor l'a conduit à ramener cette plante dans le genre *Mucor*, sous le nom de *Mucor Phycomyces* (4). C'est aussi sous ce nom que M. de Bary la désigne sans avoir pu l'étudier autrement que dans l'herbier de Kunze (5).

Cette plante est rare. Elle ne paraît avoir été observée en France qu'assez récemment : 1° A Toulouse par MM. Joly et Clos, « sur un torchon ayant servi à essuyer les diverses pièces d'une machine hydraulique, et par suite imbibé d'une certaine quantité d'huile »; elle s'était développée d'ailleurs sur les pièces de la ma-

(1) C. Agardh, *Synopsis Algarum Scandinaviæ*, 1817, p. 46.
(2) *Species Algarum*, 1823, I, p. 425.
(3) G. Kunze, *Mykologische Hefte*, II, 1823, p. 113.
(4) Berkeley, *Outlines*, p. 28 et 407.
(5) *Beiträge zur Anat. und Phys. der Pilze*, II, p. 34, 1866.

chine, sur les cuves à huile et sur le plancher de la fabrique (1).
2° En Bretagne par MM. Crouan, dans une fabrique de chandelles, sur de la crasse de suif précipitée par l'eau (2). Mais ces deux auteurs n'ont rien ajouté à nos connaissances sur ce curieux végétal.

Les circonstances de sa découverte, s'étant toujours montrées les mêmes, ont accrédité l'opinion que cette Mucorinée est liée exclusivement aux matières grasses ; nous verrons plus loin qu'il n'en est rien. C'est là ce qui explique sans doute que M. Carnoy (3), l'ayant rencontrée à Rome sur un excrément humain, et l'ayant cultivée ensuite sur des tranches d'orange et de citron, n'ait pas songé au *Phycomyces nitens* de Kunze et en ait fait, comme nous l'avons dit plus haut, son *Mucor romanus*. C'est donc au *Phycomyces nitens* qu'il faut attribuer tout ce qu'il y a d'exact dans les longs développements anatomiques et physiologiques où l'auteur est entré au sujet de cette prétendue espèce nouvelle. Ceci une fois bien connu, cette partie du travail de M. Carnoy reprendra sa valeur, en faisant mieux connaître l'histoire d'une plante assez rare dont on connaissait bien les caractères principaux, mais dont on avait peu suivi le développement ; elle nous permettra en même temps d'être brefs et de supprimer ici de longs détails. Mais on conçoit que nous n'ayons pu faire cette identification qu'après avoir nous-mêmes longuement cultivé cette plante, et avoir de notre côté retrouvé un à un les faits exacts mentionnés par M. Carnoy.

Elle nous fut signalée pour la première fois, grâce à l'obligeance de M. Decaisne, par M. Ziegler, teinturier à Wesserling (Alsace), comme un grand *Mucor* se développant souvent dans la laque acide de cochenille, quand cette laque provient de la maison Lange-Desmoulins, de Paris. Les spores provenant de l'échantillon qui nous fut remis par M. Ziegler, furent semées sur de la laque de cochenille ordinaire, et sur divers autres milieux,

(1) *Mémoires de l'Académie des sciences, inscriptions et belles-lettres de Toulouse,* 7 décembre 1865.
(2) *Florule du Finistère,* 1867, p. 13.
(3) *Loc. cit.,* p. 162 et suiv.

mais sans aucun résultat. Nous eûmes recours alors à l'obligeance de M. Lange-Desmoulins, et la laque qu'il nous fournit, placée sous cloche dans le laboratoire, développa en quelques jours une magnifique forêt de *Phycomyces*. Nous comprîmes alors que la laque de cette maison était ensemencée naturellement, parce que le *Phycomyces* se développe dans la fabrique d'une façon continue, et que le succès des cultures que nous voulions entreprendre dépendait de la fraîcheur des spores, qui perdent assez promptement leur faculté germinative, circonstance qui explique la faible dissémination et la rareté de la plante. Nous en eûmes bientôt une nouvelle preuve. Nos premières cultures, poursuivies pendant plusieurs mois, furent interrompues par les vacances. A la rentrée, il nous fut impossible de les reprendre; les spores de toutes les cultures anciennes avaient perdu en deux ou trois mois de dessiccation leur faculté germinative. La plante paraissait même avoir disparu de la fabrique de M. Lange-Desmoulins, car sa laque était stérile. Il nous fallut attendre. Enfin elle se remontra sur du crottin de cheval placé sous cloche dans le laboratoire, et ses longs filaments isolés, se développant à de grandes distances et l'un après l'autre, attestaient qu'ils provenaient de la germination d'autant de zygospores. Nous pûmes alors reprendre une nouvelle série de cultures, d'autant mieux que, ces jours-là mêmes, nous reçûmes de la fabrique de laque une touffe fructifère fraîche.

Tout ceci montre que le *Phycomyces nitens* peut se développer spontanément dans les milieux les plus divers, matières huileuses ou grasses, excréments, crottin de cheval, laque de cochenille; la seule condition, c'est que ce milieu renferme des spores asexuées fraîches ou des zygospores. Les conditions de sa découverte résident donc dans une question d'ensemencement, non dans une question de milieu. Elle est peu répandue parce que les spores asexuées perdent promptement leur faculté germinative. Une fois établie dans un lieu favorable à son développement complet, elle s'y conserve au contraire indéfiniment par ses zygospores; mais elle disparaît promptement des endroits qui ne lui permettent pas de former ces zygospores.

Cela posé, nous allons rendre compte du résultat de nos cultures. Nous avons cultivé le *Phycomyces nitens* : 1° en grand, sur la laque de cochenille, les excréments, la cochenille broyée, l'orange, le pain, etc. ; 2° en cellule, sur des gouttes de décoction de crottin ou de laque de cochenille, de jus d'orange, et enfin de liquide minéral sucré ou non.

Spores. — Les spores asexuées du *Phycomyces nitens*, qui nous serviront de point de départ, ont une forme un peu différente, selon qu'elles appartiennent aux petits sporanges, premiers produits du jeune mycélium, ou aux gros sporanges qui terminent les longs filaments nés du mycélium adulte. Les premières sont sphériques (pl. 20, fig. 2, *a*) ou légèrement ovoïdes, d'un diamètre de $0^{mm},016$ environ ; leur centre est jaune intense et granuleux ; leur membrane au contraire et la portion périphérique du protoplasma sont homogènes et incolores. Les autres ont la forme d'un ellipsoïde très-allongé, souvent aplati ou même concave sur un de ses côtés ; avec un diamètre transversal un peu moindre que les précédentes, c'est-à-dire $0^{mm},012$ à $0^{mm},015$, elles atteignent alors $0^{mm},020$ à $0^{mm},030$ de longueur (fig. 2, *b*) ; la matière jaune centrale y forme une bande axile granuleuse. C'est donc au protoplasma des spores que les sporanges doivent la couleur jaune d'or qu'ils possèdent aussi longtemps que leur membrane est elle-même transparente et incolore. Quand la spore est jeune, sa membrane n'a pas de surface interne distincte du protoplasma ; plus tard elle s'en sépare et acquiert un double contour, en même temps que le protoplasma devient plus granuleux (fig. 2 *c*).

Placées dans un milieu humide, mais dans des conditions où elles ne peuvent se développer, ces spores s'altèrent ; le protoplasma acquiert des granules de plus en plus gros, et finalement il se concentre en un nombre variable de nodules sphériques de forme assez régulière pour présenter quelquefois l'aspect de spores dans une thèque (fig. 3, *a*). Plus tard la membrane, souvent hérissée de bactéries en dehors, se perce en quelques points, et ces nodules sont mis en liberté. Mais jamais, même dans les conditions de milieu les plus favorables, nous ne les avons vus germer.

Desséchées, les spores perdent aussi assez promptement leur faculté germinative. Nous n'avons pas réussi à en faire germer après trois mois. Ainsi ces spores ne résistent longtemps ni à l'humidité, ni à la sécheresse. C'est ce qui explique que l'espèce, ayant fait accidentellement son apparition en un point, ne tarde pas à en disparaître si elle n'y peut développer autre chose que ses spores sporangiales.

Germination; mycélium. — Mais si on les place dans des conditions favorables, avant qu'elles aient été altérées par l'humidité ou la sécheresse, les spores germent, et cela dès la maturité du sporange. Dans l'eau ordinaire la germination n'a pas lieu ; elle se produit très-bien en cellule dans le liquide minéral non sucré, dans le jus d'orange, dans la décoction de crottin ou de laque de cochenille, etc., et en grand sur orange, sur crottin de cheval, sur excréments divers, sur laque de cochenille, sur cochenille broyée, etc. Les cultures cellulaires permettent de suivre pas à pas toutes les phases de la germination.

Placées sous une lamelle de manière à avoir très-peu d'air, les spores ne germent pas ; celles qui occupent le bord de la lamelle produisent des tubes, celles de l'intérieur rien. Elles paraissent donc dépourvues de la faculté que les spores du *Mucor Mucedo*, du *Thamnidium*, de l'*Helicostylum*, etc., possèdent dans ces mêmes conditions de germer en bourgeonnant, et de donner naissance à des chapelets de grains irréguliers.

La spore se décolore d'abord, se gonfle et se nourrit sans émettre de tube ; elle double ainsi de volume et devient ovoïde. Puis elle émet à l'une de ses extrémités ou à toutes les deux un gros tube qui s'allonge en formant de chaque côté des branches pennées dépourvues de cloisons. Si la spore jeune n'avait pas encore acquis de double contour, il n'y a pas d'exospore percée par le tube, et le contour externe de la spore est seulement plus noir que celui du filament qui en procède ; mais si la membrane s'était déjà séparée du protoplasma par un contour interne, la

spore, en se dilatant, brise une exospore, qui se décolle souvent sur
tout le pourtour et continue à l'envelopper en partie (fig. 2, *d*).
Après s'être ainsi développé un peu de temps dans le liquide,
quarante-huit heures après le semis par exemple, le mycélium
envoie quelques-unes de ses branches dans l'air de la cellule et
elles s'y ramifient abondamment, première différence avec les
vrais *Mucor*. Outre ces grandes branches aériennes, il se dresse
çà et là sur les filaments plongés de courtes branches simples ou
ramifiées en touffe, qui se terminent en pointe et forment au-
dessus de la surface liquide comme une forêt de poils épineux.

Reproduction asexuée; sporanges. — Le mycélium ainsi constitué commence à former ses fructifications dès le second jour
dans le liquide minéral ou la décoction, liquides peu nutritifs et
où sa vie végétative s'épuise promptement; dans le jus d'orange
c'est vers le troisième jour seulement : le tout à la température
constante d'environ 15 degrés. Ce sont d'abord des branches
brusquement renflées en massue qui s'élèvent sur les filaments
mycéliens, tant dans le milieu nutritif que dans l'air. Quelquefois
ces branches se prolongent directement en autant de filaments
sporangifères; mais le plus souvent elles se divisent à leur sommet
renflé en plusieurs branches dont une ordinairement (fig. 15),
quelquefois deux ou trois (fig. 16), se développent en filaments
sporangifères, tandis que les autres, courtes et terminées en
pointe, forment une touffe de radicelles. Quelquefois ces radicelles se réduisent à une ou plusieurs protubérances arrondies
situées vers la base du filament fructifère, et qui donnent à sa
région inférieure une forme ondulée. Ainsi, par leur mode d'insertion, les filaments sporangifères du *Phycomyces* sont normalement groupés, et ce groupement est attesté en général par
la présence de filaments stériles sous forme de racines. C'est
un second caractère qui éloigne notre plante des vrais *Mucor*
en la rapprochant un peu du *Rhizopus*.

Souvent aussi un certain nombre des branches renflées en
massue ou en poire n'arrivent pas à se dresser au-dessus de la
surface, et au lieu de donner un filament fructifère, comme il

semble que ce soit leur destination première, elles s'atténuent
brusquement et se prolongent tout simplement en un filament
mycélien (fig. 17). Jamais le protoplasma ne s'accumule à l'intérieur de ces renflements basilaires des branches mycéliennes, de
manière à simuler même une chlamydospore, et jamais nous
n'avons rencontré, ni dans nos cultures cellulaires, ni dans nos
cultures en grand, une seule chlamydospore de *Phycomyces*.
Parfois, quand la germination se trouve arrêtée de bonne heure
par le développement de bactéries dans la décoction, par exemple, les tubes déjà formés cloisonnent certaines régions où le
plasma se conserve vivant longtemps après que le reste des tubes
est détruit. C'est certainement une tendance à la formation de
chlamydospores. Mais il n'y a pas condensation de ce protoplasma, et il ne se revêt pas d'une membrane propre. Aussi
s'altère-t-il peu à peu plus tard, comme les spores elles-mêmes,
en se condensant en nodules ovoïdes ou fusiformes assez réguliers, qui ont jusqu'à un certain point l'air de spores dans une
thèque, mais qui paraissent impropres à germer. La figure 3 *b*
représente un de ces articles vivaces qui se trouve être précisément la base du tube germinatif, correspondant à la cavité
de la spore primitive, encore revêtue par l'exospore et remplie
de nodules fusiformes.

Tel est le mode d'insertion des filaments sporangifères ; nous
n'insistons pas sur la structure du sporange, sur le mode de
développement et de dissémination des spores, sur le mode
d'élongation du filament sporangifère : ces phénomènes ont lieu
ici comme dans les *Mucor*, et d'ailleurs M. Carnoy les a décrits
longuement. Nous ferons remarquer seulement que la membrane
du tube sporangifère ne s'incruste pas de granules d'oxalate de
chaux, et nous rappellerons qu'elle se colore peu à peu de bas
en haut dès avant la formation du sporange et d'une façon très-
remarquable, qui contraste singulièrement avec la couleur jaune
d'or du protoplasma qui remplit le sommet du tube et qui forme
plus tard les spores. D'abord vert bronzé, elle devient peu à peu
rouge brun ou brun violacé ; sa surface est brillante et présente
des reflets irisés, un vif éclat métallique ; c'est cette remarquable

propriété qui a fait donner à la plante sa dénomination spécifique
et qui permet de la reconnaître immédiatement. La membrane
du sporange s'incruste au contraire de granules d'oxalate de
chaux, ce qui lui donne un aspect mat et velouté, et la rend
opaque et noirâtre.

Nous voulons maintenant suivre les progrès successifs de la
vigueur des fructifications, avec la puissance croissante du mycélium, et dans divers milieux nutritifs.

Dans une goutte de liquide minéral non sucré, les spores de
Phycomyces nitens constituent un mycélium qui commence à
fructifier à la fin du second jour; les spores de ces premières
fructifications sont mûres soixante-cinq heures environ après le
semis à la température de 14 degrés. Ces premiers filaments
sporangifères n'ont guère plus de $0^{mm},100$ de longueur, et peuvent descendre à $0^{mm},024$; le sporange peut n'avoir que $0^{mm},025$
de diamètre, et il peut ne renfermer qu'une dizaine de spores
sphériques, et même moins, avec une columelle très-surbaissée.
Les filaments produits les jours suivants deviennent de plus en
plus hauts et les sporanges de plus en plus gros; leur columelle,
de plus en plus saillante, devient d'abord hémisphérique, puis
cylindroïde ; enfin leurs spores sont un peu plus ovales et plus
nombreuses. Tous ces progrès sont concomitants. Enfin, après
douze jours, les filaments sporangifères issus d'une pareille culture
et qui viennent se former en dehors de la cellule, sur le mycélium
qui s'est insinué entre le verre à couvrir et les bords de la cuvette,
ont jusqu'à 7 ou 8 centimètres de longueur, une largeur propor-
tionnelle et un très-gros sporange. Un pareil résultat étonnera sans
doute, si l'on réfléchit qu'avant d'arriver à former une dizaine
de filaments de cette sorte, le mycélium nourri par cette pauvre
gouttelette d'eau minérale a produit successivement une cin-
quantaine de sporanges de plus en plus développés. Il étonnera
d'autant plus si l'on se reporte aux conditions de milieu assi-
gnées d'ordinaire à cette plante, rien n'étant assurément plus
différent qu'une masse graisseuse et une goutte de notre liquide
minéral.

Dans le jus d'orange, milieu évidemment plus nutritif, le my-

célium se constitue tout d'abord avec plus de vigueur, il fructifie un peu plus tard, pendant e troisième jour ; mais les premières branches sont beaucoup plus puissantes, plus hautes, et
les sporanges plus gros, quoique ayant tous des spores sphériques
et une columelle surbaissée. Il se fait d'ailleurs les jours suivants
un accroissement progressif, comme on l'a vu pour le liquide
minéral, et les derniers filaments qui se forment dans la chambre
humide en dehors de la cellule atteignent jusqu'à 10 centimètres
de longueur.

Enfin dans les milieux très-nutritifs employés dans les grandes
cultures, les choses se passent tout d'abord de la même manière ;
même mycélium à la fois interne et aérien, mêmes pinceaux
dressés à la surface et sur lesquels nous reviendrons tout à l'heure ;
mêmes fructifications d'abord petites, puis de plus en plus hautes
à mesure que le mycélium devient plus vigoureux ; seulement
ici le progrès continue au lieu de s'arrêter à 6 ou 8 centimètres
comme dans les cultures sur goutte minérale, ou bien à 8 ou 10
comme sur jus d'orange. On obtient sur orange des tubes de
10 à 12 centimètres formant forêt. Sur excréments, les tubes
atteignent 15 centimètres. Sur crottin de cheval et laque, on
arrive à 20 centimètres. Enfin dans la laque épaisse au fond des
tonneaux, on parvient à 30 centimètres de hauteur. De $0^{mm},024$
à 30 centimètres, c'est-à-dire de 1 à 12 000 pour la hauteur
du filament, de $0^{mm},025$ à 1 millimètre pour la dimension du
sporange, de 10 à 80 000 pour le nombre des spores, voilà les
larges limites où s'exerce la puissance fructifère du mycélium.

Vu l'absence de chlamydospores, les spores sporangiales sont
la seule forme d'organes reproducteurs asexués que produit le
mycélium du *Phycomyces nitens*.

Reproduction sexuée ; zygospores. — En cellule, sans doute
faute de nourriture, et même dans les grandes cultures sur des
fruits, nous n'avons pas obtenu l'appareil sexué. Sur la cochenille
broyée au contraire, et sur la laque de cochenille, il s'est pré-

senté à nous en grande abondance et à plusieurs reprises (1).
Le mycélium produit d'abord sa forêt de filaments sporangifères
brillants et irisés; après quelques jours, quand il ne se fait plus
de nouveaux filaments, si l'on enlève toute la forêt, on distingue,
sur le sol même, de gros grains noirs qui tranchent au premier
coup d'œil sur le fond rouge: ce sont les zygospores. Il est facile
alors d'en rencontrer à tous les états de développement que nous
allons décrire.

Ce sont les filaments mycéliens grêles dressés à la surface du
sol, analogues à ceux des pinceaux de poils que nous avons signalés dans les cultures cellulaires, qui se conjuguent pour former
l'oospore; celle-ci se trouve ainsi produite à la surface même du
substratum. Deux de ces filaments s'établissent en contact intime
sur une assez grande longueur et s'engrènent l'un l'autre par des
renflements et étranglements alternatifs. Certaines de ces bosselures se prolongent assez souvent en tubes grêles (fig. 4). En
même temps les extrémités libres se renflent et s'arquent l'une
vers l'autre, puis viennent toucher leurs sommets en formant une
sorte de pince dont les mors grandissent rapidement. Chaque
mors acquiert une cloison qui en sépare une cellule d'abord
hémisphérique (fig. 5), puis cylindrique par pression (fig. 6).
Dans chacune de ces cellules discoïdes, le protoplasma s'accumule et s'individualise pour former une oosphère; puis la double
membrane de contact se résorbe et ces deux oosphères se pénètrent réciproquement, en formant une oospore qui se revêt
d'une membrane propre hérissée de tubercules et enveloppée
par la membrane primitive des deux cellules conjuguées (fig. 10
et 11).

Pendant que ce phénomène s'accomplit, les deux cellules arquées acquièrent, sur la zone voisine de la cloison de séparation
de la cellule copulatrice, une série de pointes plusieurs fois
dichotomes (fig. 11, 12, 13), qui sont des rameaux creux et qui se
développent de la manière suivante. Elles apparaissent d'abord

----

(1) Les principaux caractères de ces zygospores ont été déjà brièvement signalés par
nous (*Comptes rendus*, 8 juillet 1872).

sur l'une des cellules arquées et successivement. La première se forme en haut sur le côté convexe; les suivantes à droite et à gauche en descendant; enfin la dernière en bas dans la concavité (fig. 7 et 8). Ce n'est souvent que lorsque cette dernière s'est développée, que la première épine apparaît au haut de l'autre cellule (fig. 9), suivie bientôt des autres dans le même ordre. Les épines s'accroissent ensuite et se dichotomisent successivement dans l'ordre même de leur production. La première dichotomie a toujours lieu dans le plan qui passe par la ligne des centres des cellules conjuguées (fig. 9, 10); les autres se suivent dans des plans alternativement rectangulaires. Les deux branches de la première dichotomie sont un peu inégales; celle qui est située du côté de la zygospore est la plus développée, se couche sur la zygospore et se dichotomise un plus grand nombre de fois en feutrant ses branches, de façon à l'envelopper et à la protéger. Ces pointes dichotomes ne sont pas autre chose que des rameaux produits par la cellule arquée; en effet, quand la pince se trouve arrêtée dans son développement, il n'est pas rare de voir une ou plusieurs épines déjà formées se prolonger en rameaux mycéliens ordinaires (fig. 14).

Enfin, pendant tous ces développements, en même temps que la zygospore grossit, la membrane des cellules arquées se colore en brun; cette coloration se marque davantage sur le côté convexe, et elle se manifeste d'abord dans la cellule sur laquelle se sont développés les premiers rameaux dichotomes et qui garde longtemps une teinte plus sombre que l'autre. La zone d'insertion des épines, et ces épines elles-mêmes, ont la membrane d'un noir foncé; enfin la membrane des cellules conjuguées, qui continue à revêtir la zygospore dans tout son développement, est elle-même d'un noir bleuâtre (fig. 11, 13). Quand son développement est achevé, la zygospore peut atteindre un tiers de millimètre, mais on en trouve de beaucoup plus petites; elle est plus développée sur le côté externe que sur la face interne, et ses faces latérales par où elle est attachée aux mors de la pince sont légèrement inclinées l'une sur l'autre, disposition qui résulte de la courbure même des cellules primitives. Par la pression, on écrase la membrane noire, mince et cassante, qui enveloppe l'œuf, et l'on met à nu la membrane propre de la zygospore, membrane épaisse, incolore, cartilagineuse, et hérissée de larges bosselures irrégulières revêtues par la membrane cellulaire primitive. Le protoplasma intérieur est très-riche en matières grasses comme celui de toutes les zygospores.

Par ces épines dichotomes qui entremêlent leurs branches autour de l'oospore comme pour la protéger, l'appareil sexué du *Phycomyces nitens* se distingue de tous ceux qui sont aujourd'hui connus. Par la connexion antérieure des deux tubes copulateurs, et par leur courbure terminale en forme de pince qui enserre la zygospore, il ne ressemble qu'à celui du *Piptocephalis* que M. Brefeld a fait connaître depuis. Enfin le mode de développement des épines atteste qu'il y a une différence d'âge et de propriétés entre les deux mors de la pince, tout semblables qu'ils paraissent d'ailleurs, et si semblables que soient les cellules conjuguées. On doit voir dans cette dissemblance un commencement de différenciation entre les deux éléments dont la pénétration mutuelle constitue l'œuf, un premier signe, encore faiblement marqué, mais déjà très-net, de sexualité dans la conjugaison.

Nous n'avons pas jusqu'ici réussi à faire germer ces zygospores. Mais il est probable que les choses s'y passent comme dans les autres zygospores dont on connaît la germination, notamment comme dans celles des *Mucor fusiger* et *Mucedo*. Nous avons les premiers décrit les zygospores de cette dernière plante (1). Peu de temps après nous en avons obtenu la germination. M. Brefeld a, de son côté, décrit et figuré plus tard ces organes et leur germination (2). Nous n'y insisterons donc pas, si ce n'est pour présenter quelques observations nouvelles. La membrane noire que l'on regarde communément comme appartenant à la zygospore dont elle formerait l'exospore, mais qui lui est absolument étrangère, puisqu'elle n'est que la membrane primitive des cellules conjuguées qui ont mêlé leurs oosphères ; cette membrane noire

<hr>

(1) *Comptes rendus*, 8 avril 1872.
(2) *Botanische Untersuchungen über Schimmelpilze*, p. 31, pl. II.

se déchire à la germination. L'épaisse membrane cartilagineuse incolore à laquelle appartiennent les saillies tuberculeuses qui sont revêtues par la membrane noire, crève aussi sur un côté, et sa mince couche interne s'allonge en tube au dehors. Ce tube plein de protoplasma et de gouttes d'huile, tout hérissé en dehors de granules d'oxalate de chaux dans son tiers inférieur, lisse plus haut, atteint jusqu'à 3 centimètres de hauteur, et se termine par un sporange ordinaire. Ainsi l'oospore produit, non un mycélium, mais directement un appareil reproducteur asexué. L'axe de cet appareil, c'est-à-dire l'axe de la plante nouvelle, est perpendiculaire à la ligne des centres des deux cellules conjuguées, c'est-à-dire aux axes d'accroissement combinés des deux rameaux sexués. On doit donc admettre que, déjà dans la zygospore, le protoplasma est orienté suivant un axe perpendiculaire à la ligne des centres des deux oosphères primitives. Bien plus, il est probable que chaque oosphère, en se constituant, s'oriente autour d'un axe perpendiculaire à l'axe d'accroissement de la cellule copulatrice où elle se forme ; les deux oosphères ont alors leurs axes parallèles, et, en se fusionnant, elles donnent une oospore dont l'axe demeure dans la même direction. On retrouve ainsi, dans ce changement d'axe de l'être nouveau par rapport à l'être ancien, une analogie nouvelle avec la conjugaison égale ou sexuée des Algues.

Assez souvent la provision de nourriture accumulée dans la zygospore est épuisée par la formation de ce sporange terminal, et c'est le seul cas cité par M. Brefeld ; mais dans nos germinations nous avons vu plusieurs fois une cloison se faire vers le tiers de la longueur du filament principal à partir de sa base, et sous cette cloison partir une branche puissante qui se termine aussi par un gros sporange. Une fois, cette branche portait même à son tour, vers sa base, une cloison, et sous cette cloison un petit rameau terminé par un petit sporange à spores peu nombreuses et à très-petite columelle.

En résumé, le *Phycomyces nitens* ne possède, outre son système végétatif, que deux appareils reproducteurs, l'un asexué et sporangial, l'autre sexué. L'ordre suivant lequel ces trois formes se succèdent dans le temps est le suivant : oospore, sporange, mycélium donnant d'abord des sporanges, puis des oospores, etc.

Le *Phycomyces nitens* n'ayant pas de chlamydospores, c'est-à-dire de spores asexuées capables de supporter une dessiccation prolongée, et ses spores sporangiales perdant facilement par la dessiccation ou l'humidité prolongée leur faculté germinative, on conçoit qu'il disparaisse promptement des endroits soumis à ces alternatives et dans lesquels il ne trouve pas les aliments suffisants pour former ses zygospores. C'est ce qui explique, comme nous l'avons dit, sa faible extension et sa rareté en dehors de certaines conditions de milieu ; non pas qu'il ne puisse vivre et se multiplier dans les milieux les plus divers, mais parce qu'il ne peut se maintenir dans un milieu donné, à moins d'y faire des zygospores. Or cette formation de zygospores n'est possible que dans des milieux particulièrement nutritifs, quoique cependant beaucoup plus variés qu'on ne le croit, car elle n'est nullement liée aux matières grasses, comme le prouve le développement abondant de ces organes sur la laque acide de cochenille.

Contrairement à l'opinion de M. Berkeley et de M. de Bary, nous maintenons cette plante comme genre distinct. Son mycélium en partie aérien, le mode d'insertion de ses filaments fructifères par groupes avec pinceau de radicelles, la remarquable coloration du protoplasma des spores et de la membrane du tube fructifère, mais surtout l'organisation en pince de son appareil reproducteur sexué et les pointes dichotomes qu'il porte autour de l'œuf, sont autant de signes qu'on ne rencontre dans aucun *Mucor*, dont l'avant-dernier ne se retrouve que très-loin des *Mucor*, dans les *Piptocephalis*, et dont le dernier ne s'est manifesté jusqu'à présent dans aucune autre Mucorinée. A tous ces titres, cette plante mérite donc un rang générique.

On verra d'ailleurs par tout ce qui va suivre, avec quelle légèreté M. Brefeld procède quand il veut, suivant en ceci les errements de MM. de Bary et Woronine, ramener tous les types de Mucorinées aux deux seuls genres *Mucor* et *Pilobolus* (*loc. cit.*,

p. 26). Il est vrai que pour M. Brefeld les *Chætocladium* et *Piptocephalis* qu'il consent à reconnaître comme genres distincts, ne
sont pas des Mucorinées. Nous verrons plus loin ce qu'il en est de
cette manière de voir.

III

CIRCINELLA, gen. nov (1).

Circinella umbellata, pl. 21, fig. 18-23. — *Circinella spinosa*, pl. 21 et 22, fig. 24-49.
Circinella glomerata, pl. 22, fig. 50-53.

Les nombreuses espèces du genre *Mucor* ont ce caractère
commun d'avoir des sporanges globuleux d'une seule sorte,
séparés par une cloison voûtée (columelle) des filaments qu'ils
terminent; ceux-ci sont insérés isolément sur le mycélium, droits
et simples à l'origine. Plus tard. après la maturité du sporange
primitif, ils peuvent, il est vrai, émettre latéralement des branches
sporangifères, mais ils sont alors redevenus en réalité de simples
filaments de mycélium qui, s'ils contiennent encore du protoplasma non utilisé, peuvent, soit former des chlamydospores, soit
produire de nouveaux filaments sporangifères au même titre
que les filaments ordinaires du mycélium. L'ensemble des branches sporangifères qui peuvent se produire ainsi sur le tube
principal n'a donc en aucune façon le caractère d'une véritable
ramification fructifère primordiale, et les différences qu'on y
remarque ne peuvent avoir que la valeur de caractères spéci-
fiques, comme on le voit par les exemples bien connus des *Mucor
bifidus* Fres. et *racemosus* Fres. Le *Phycomyces nitens* paraît, au
premier abord, remplir les conditions d'un *Mucor;* mais nous
avons vu que ses filaments fructifères sont en réalité groupés
normalement et munis à la base d'un pinceau de rameaux stériles, de sorte que, même sous ce rapport seul et sans parler de

(1) Mémoire lu au congrès de l'Association française pour l'avancement des sciences
(session de Bordeaux, le 9 septembre 1872).

ses zygospores, il s'écarte des *Mucor* à peu près autant que le *Rhizopus*.

Dans le genre nouveau de Mucorinées que nous nous proposons de faire connaître et d'étudier dans ce chapitre, le filament fructifère est recourbé en crosse au-dessous du sporange qui est ainsi réfléchi vers le bas. Par ce caractère, d'où nous avons tiré le nom générique de *Circinella*, ces plantes se distinguent aussitôt non-seulement des *Mucor*, tels que nous venons de caractériser ce genre, mais encore de toutes les autres Mucorinées. En outre, le développement de leur appareil fructifère aérien est indéterminé, et, comme les *Rhizopus* et *Chætocladium*, elles végètent en guirlandes à la manière des Lianes.

Le sporange, ainsi réfléchi le long du filament qui le porte, est de forme sphérique, et muni d'une grande columelle cylindro-conique ; sa membrane est incrustée de granules d'oxalate de chaux, non diffluente, et à la maturité elle se déchire circulairement vers son milieu, en laissant une large cupule hémisphérique autour de la base de la columelle, pour laisser échapper un grand nombre de petites spores sphériques.

Par la persistance du filament sporangifère circiné, la grandeur et le mode de déhiscence du sporange, le développement de la columelle, la multitude et la forme des spores, les *Circinella* diffèrent déjà beaucoup de l'*Helicostylum* de Corda, dont le filament sporangifère est aussi enroulé, quoique d'une tout autre façon. Mais il y a plus ; nous avons montré dans un travail antérieur (1) que l'*Helicostylum elegans* de Corda possède deux sortes de sporanges. Un grand sporange à columelle très-développée, à membrane hérissée de granules ou d'aiguilles d'oxalate de chaux et diffluente, semblable à celui qui caractérise le *Mucor Mucedo*, termine le filament principal dressé. Dans sa région inférieure celui-ci porte latéralement des branches, dont les rameaux enroulés en spirale se terminent par autant de petits sporanges sans columelle, à membrane granuleuse aussi, mais non diffluente. Ces deux formes de sporanges peuvent être aussi totalement disso-

(1) Journal *l'Institut*, 13 mars 1872, et *Comptes rendus*. 8 avril 1872.

ciées, et la plante se présente alors sous deux aspects différents :
ici elle n'a que de grands sporanges columellés portés par des
filaments droits ; là, que de petits sporanges sans columelle, terminant des rameaux tortillés. Corda n'a connu que ce second aspect.
Ainsi l'*Helicostylum elegans* est une Mucorinée hétérosporangiée,
au même titre que le *Thamnidium elegans*, dont Eschweiler a
décrit et figuré, dès 1822, la forme à petits sporanges, sous le
nom de *Melidium subterraneum* (1), au même titre encore que
la Mucorinée très-différente, décrite et figurée pour la première
fois en 1863 par M. Fresenius (2), qui ne la confondait alors
avec le *Thamnidium* ou l'*Ascophora elegans* que parce que ce
dernier lui était demeuré inconnu, Mucorinée que nous étudierons plus loin, et que nous nommons *Chætostylum Fresenii*.
C'est dire combien l'*Helicostylum* est éloigné des *Circinella*, dont
tous les sporanges sont semblables, qui sont des Mucorinées
essentiellement homosporangiées.

Nous connaissons actuellement trois espèces de *Circinella*,
bien distinctes l'une de l'autre, et que nous allons étudier et
caractériser.

Circinella umbellata (pl. 21, fig. 18-23). — Dans la première
espèce, que nous nommons *Circinella umbellata*, le filament
fructifère dressé sur le mycélium se termine par un sporange
circiné, sous lequel se développent aussitôt et en même temps,
en des points rapprochés et d'un seul côté, un certain nombre
de rameaux courts enroulés en crosse l'un vers l'autre, et qui
portent des sporanges semblables (fig. 19 et 20). Tous ensemble,
et avec l'extrémité recourbée du filament principal, ces rameaux,
dont on peut compter jusqu'à vingt, mais qui peuvent se réduire
à deux (fig. 22), forment une sorte d'ombelle fructifère à la fois
terminale et unilatérale. Sous cette ombelle, et du même côté,
naît un rameau végétatif plus gros qui se relève en la contournant, et tend à se mettre dans le prolongement du filament prin-

<hr>

(1) Eschweiler, *De fructificatione generis Rhizomorphæ commentatio*. Elberfeld, 1822.
(2) G. Fresenius, *Beiträge zur Mykologie*, p. 96, pl. 12, fig. 13-16.

cipal en formant une sorte de baïonnette. Il s'allonge ensuite, se roidit en déjetant l'ombelle, et, après un certain temps, il se termine à son tour par une ombelle semblable à la première, et munie d'un rameau végétatif en forme de baïonnette qui se comporte comme le précédent. Cela se reproduit un certain nombre de fois, jusqu'à ce que le dernier rameau végétatif, s'allongeant plus que les autres, se termine en une pointe stérile simple ou digitée (fig. 18, *b*). Il se constitue de la sorte un long filament dressé qui peut atteindre 6 à 8 et jusqu'à 10 centimètres de hauteur, entièrement dépourvu de cloisons transversales, formé de branches de génération différente implantées les unes sur les autres, en un mot un sympode le long duquel les ombelles successives se trouvent rejetées latéralement de manière à regarder le ciel. Souvent, sous le rameau végétatif et du même côté, il s'en fait un second qui se comporte comme le premier ; le filament hétérogène, le sympode, au lieu de rester simple et dressé, se ramifie alors dans diverses directions plus ou moins obliques (fig. 18, *c*). Ces filaments paraissent, comme ceux du *Rhizopus*, insensibles à l'action de la lumière ; on sait, au contraire, que ceux du *Phycomyces* et des *Mucor* sont énergiquement attirés par la lumière.

Enfin on voit çà et là sur le trajet des entre-nœuds qui séparent les ombelles, et quand les sporanges de celles-ci ont déjà atteint leur maturité, naître isolément un jeune rameau court, qui se recourbe en crosse et se termine par un sporange semblable aux précédents.

Tel est le mode de végétation de cette élégante Mucorinée. Nous l'avons rencontrée pour la première fois, et depuis, à plusieurs reprises, sur des excréments de chien. Nous l'avons ensuite cultivée en grand sur des excréments humains, du pain mouillé, de la pulpe d'orange, etc. ; elle est fréquemment associée dans ces divers milieux au *Mucor Mucedo*, entre les filaments dressés duquel elle enlace ses guirlandes ombellifères.

Par le progrès de l'âge, la paroi des longs filaments qui forment les entre-nœuds, comme celle des rameaux circinés sporangifères, comme la membrane des sporanges eux-mêmes, s'incruste de granules d'oxalate de chaux saillants à l'extérieur, et prend une teinte brune uniforme (fig. 21 et 22); elle ne cesse pas pour cela de se colorer en bleu par le chlorure de zinc iodé. La cavité des longs filaments demeure sans cloisons, et il en est quelquefois de même pour les rameaux de l'ombelle (fig. 22); mais le plus souvent chacun de ces derniers, continu à l'origine, prend plus tard deux cloisons, une vers le bas, et une autre vers le haut au début de sa courbure (fig. 21); cette dernière peut quelquefois se trouver reportée jusque dans la columelle. Parfois aussi la portion terminale du tube principal, rejetée latéralement et qui sert de base à l'ombelle, se sépare du reste du tube par une cloison (fig. 21).

Le sporange, avons-nous dit, est sphérique, et renferme une grande columelle cylindro-conique de couleur brune. Sa membrane granuleuse et grisâtre est souvent assez transparente pour laisser apercevoir la couleur bleue ardoisée, plus ou moins intense, que possèdent les spores, et qui appartient à leur protoplasma; les sporanges et les ombelles ont alors une couleur bleue qui les fait reconnaître d'assez loin à l'œil nu. Cette membrane se déchire en cercle plus ou moins irrégulier à la maturité, de manière à laisser adhérer à la base de la columelle une large cupule hémisphérique, et les spores, lisses et d'un bleu plus ou moins foncé, s'échappent de cette enveloppe brune et granuleuse. Ces spores, parfaitement sphériques, ont un diamètre compris entre $0^{mm},006$ et $0^{mm},008$ (fig. 21, 22, 23). Leur membrane n'a pas de double contour, et elles germent sitôt après leur dissémination, sans rompre d'exospore; leur contenu est homogène et uniformément teinté de bleu.

Nous nous sommes appliqué à cultiver le *Circinella umbellata* en cellules sur des gouttes de décoction filtrée de crottin de cheval et sur du jus d'orange filtré, de manière à pouvoir suivre au microscope, et sans interruption, toutes les phases du développement de la plante.

Aussitôt semées sur ces liquides, les spores entrent en germination; elles se gonflent et se nourrissent d'abord, puis émettent un ou plusieurs tubes qui ne tardent pas à se ramifier. Au bout du premier jour, le mycélium est déjà bien développé ; au bout du second, les premières fructifications ont apparu. Ce sont d'abord des crosses simples. Lorsque les spores semées sont très-nombreuses et le milieu peu nutritif, le filament s'élève à peine à quelques centièmes de millimètre au-dessus de la surface de la goutte, et le sporange est assez petit pour n'avoir sur sa petite columelle hémisphérique que deux à dix spores, quelquefois même une seule spore ; le diamètre de celles-ci demeure toutefois constant. Quand la végétation est prospère, après ces premières crosses simples déjà bien développées et portant de gros sporanges (fig. 18, *a*), apparaissent sur le mycélium, devenu plus vigoureux, des filaments plus élevés, portant sous leur sporange terminal réfléchi trois à cinq rameaux circinés sporangifères qui forment ombelle avec le premier, et plus bas, un rameau végétatif qui s'allonge en baïonnette, et produit plus tard, soit une simple crosse sporangifère (fig. 18, *a*), soit une ombelle semblable à la première, si la végétation est plus vigoureuse. En un mot, on voit se produire sous ses yeux et par degrés l'appareil caractéristique de la plante adulte.

Dans aucun de nos nombreux semis cellulaires nous n'avons vu jusqu'à présent le mycélium produire de ces spores intratubulaires, isolées ou en chapelet, terminales ou intercalaires, auxquelles on donne le nom de chlamydospores mycéliennes. Or, dans ces mêmes conditions, non-seulement diverses espèces du genre *Mucor*, le *M. bifidus* par exemple, mais encore les divers *Mortierella*, que nous étudierons plus loin, en forment régulièrement. N'ayant pas, d'autre part, été assez heureux, jusqu'à présent, pour y trouver des zygospores, nous ne connaissons donc jusqu'ici à cette plante qu'une seule espèce d'organes reproducteurs.

Dans nos premières recherches sur cette Mucorinée et dans la première description que nous en avons donnée (1), la voyant associée au *Mucor Mucedo,* et trompés par des semis que nous croyions purs, et d'où nous n'avions pas réussi, paraît-il, à éli-

(1) *Comptes rendus,* 8 avril 1872.

miner toutes les causes d'erreur, nous avions cru pouvoir admettre un lien de filiation entre elle et le *Mucor Mucedo*. Dans notre pensée, ce lien était du même ordre que celui qui, dans la doctrine établie en 1866 par MM. de Bary et Woronine, rattachait le *Chœtocladium Jonesii* à ce même *Mucor Mucedo*. Tout en ayant montré que les corps reproducteurs de ce *Chœtocladium* ne sont pas, comme on l'admettait, des spores acrogènes, des conidies, mais des sporanges monospermes, nous n'avions pas cependant alors de raison suffisante pour nous défier de cette doctrine que nos premiers semis avaient paru confirmer. Nous donnions donc à notre Mucorinée le simple nom de *Circinumbella ;* c'était pour nous un appareil sporangifère, l'appareil circinombellé du *Mucor Mucedo*, au même titre que le *Chœtocladium* en était l'appareil chætocladien.

Nous étant astreints dans la suite de nos recherches à ne faire sur porte-objet que des semis cellulaires et à en contrôler la pureté avec toute la sévérité possible, nous avons été amenés à une conclusion différente. Toutes les fois que nous avons avec certitude éliminé de nos semis les spores du *Mucor Mucedo*, ce qui n'est pas toujours facile, nous en avons obtenu du *Circinella umbellata* entièrement pur, sans mélange de *Mucor Mucedo*, et se maintenant pur à travers plusieurs générations successives. Nous ne pouvons donc plus aujourd'hui suspecter l'autonomie de cette plante.

Mais il y a plus. En perfectionnant ainsi nos procédés de culture, nous sommes arrivés à la même conclusion pour le *Chœtocladium Jonesii* lui-même. Toutes les fois que nos semis cellulaires de *Chœtocladium* ont été vérifiés exempts de toute spore de *Mucor Mucedo*, ils ne nous ont donné que du *Chœtocladium* entièrement pur, sans trace de *Mucor Mucedo*, et se conservant pur à travers de nombreuses générations ; et cela dans les milieux les plus divers : jus de raisin, jus d'orange, décoction filtrée de crottin de cheval, etc., etc. Une fois que nous avons eu à notre disposition des récoltes de *Chœtocladium* pur, tous nos efforts pour en obtenir un retour au *Mucor Mucedo* sont demeurés sans résultat. Nous admettons donc l'autonomie de cette forme, qui devient ainsi, parmi les Mucorinées homosporangiées, un type générique spécial caractérisé par son mode de ramification et par ses sporanges monospermes.

Ainsi s'écroule de toutes parts la doctrine fondée sur ce point par MM. de Bary et Woronine (1), doctrine que les beaux travaux de M. de Bary sur la relation des *Aspergillus* avec les *Eurotium*, et des *Botrytis* avec les *Peziza*, ne laissaient pas que de rendre séduisante en faisant entrevoir une trompeuse analogie entre les Mucorinées et les Ascomycètes. Ces savants mycologues disaient : Les corps reproducteurs du *Chætocladium Jonesii* sont des conidies, des spores de formation exogène, comme celles des *Botrytis* ou des *Aspergillus*, et la plante qui porte ce nom a tout au moins un lien de filiation avec le *Mucor Mucedo*, dont elle est l'appareil conidifère, ce qu'est à peu près l'*Aspergillus glaucus* à l'*Eurotium herbariorum*, ou le *Botrytis cinerea* au *Peziza Fuckeliana*. Nous avons montré que ces prétendues conidies sont des sporanges monospermes, mais nous admettions encore cependant le lien de filiation. Aujourd'hui nous rompons ce lien, et rendons à la plante la place éminente qui lui revient dans la famille des Mucorinées (2).

Circinella spinosa (pl. 21 et 22, fig. 24-49). — Étudions maintenant notre seconde espèce de *Circinella*, que nous appelons *Circinella spinosa*.

Elle est dans toutes ses parties plus petite et plus délicate que la précédente (fig. 24). Le filament principal qui se dresse sur le mycélium adulte se termine en pointe stérile (fig. 26, 27, 28, *a*). Mais aussitôt il forme au-dessous de son sommet une branche végétative *b* qui tend à reprendre la direction du filament principal, en écartant la pointe avec laquelle elle fait fourche. Bientôt après on voit se former vers le milieu de la pointe et du côté opposé à la branche végétative, un rameau *c*,

(1) *Beiträge zur Morphologie und Physiologie der Pilze*, 2ᵉ série, 1866, p. 18.

(2) Au risque de nous répéter plus tard, nous avons conservé ici, comme dans tout cet article, le texte lu par nous au congrès de Bordeaux le 9 septembre 1872, avant d'avoir pu prendre connaissance du mémoire de M. Brefeld.

qui se recourbe bientôt en crosse vers le bas, et se termine par un sporange sphérique muni d'une columelle cylindroïde (fig. 28, *s*) et contenant d'innombrables petites spores sphériques (fig. 29).

Quant à la branche végétative, elle s'allonge et se termine à son tour par une épine portant, du côté opposé au premier, un rameau circiné sporangifère, en même temps qu'elle développe de l'autre côté une nouvelle branche végétative qui se comporte comme la première. Cette marche se répète un certain nombre de fois jusqu'à ce qu'enfin le dernier rameau végétatif, se recourbant lui-même en crosse, porte directement un sporange réfléchi (fig. 24 et 35, *s*). Mais ensuite sur la convexité de cette crosse terminale se développe à son tour une nouvelle crosse *s'*, laquelle en porte une autre *s"*, et ainsi de suite jusqu'à cinq ou six fois.

Il se constitue de la sorte un long filament dressé, dépourvu de cloisons dans toute sa longueur, composé de rameaux de générations successives, implantés l'un sur l'autre en forme de ligne verticale brisée ou de sympode, et à chaque brisure, à chaque échelon du sympode, se voit une épine portant sur sa face inférieure un rameau sporangifère circiné qui déjette un peu vers le haut la moitié supérieure de l'épine (fig. 24). D'une brisure à l'autre, d'un échelon à l'autre, les épines et les rameaux sporangifères alternent régulièrement. Ces sortes de guirlandes délicates peuvent atteindre 2 centimètres de hauteur. Elles brunissent dans toutes leurs parties par les progrès de l'âge, et ne paraissent pas sensibles à l'action de la lumière.

Telle est l'organisation ordinaire. Mais il n'est pas très-rare de voir l'épine remplacée par un rameau sporangifère circiné pareil au rameau inférieur (fig. 32, *a*). Ou bien inversement c'est le rameau sporangifère inférieur qui est remplacé par une pointe et l'épine est fourchue (fig. 41). Ou bien encore la pointe demeure simple et ne présente qu'une petite bosse indiquant l'arrêt de développement, l'avortement presque complet du rameau sporangifère (fig. 35, *n*). Cet avortement peut être complet et l'épine entièrement simple (fig. 33). Enfin nous avons vu que dans la région supérieure du filament fructifère il n'y a plus d'épines, parce que les axes successifs s'y terminent directement et simplement par un sporange réfléchi; mais il peut arriver aussi que dans cette terminaison il n'y ait plus de sporanges, parce que les branches végétatives se terminent toutes par une épine simple; enfin, après une succession d'épines simples, on peut avoir aussi une succession de sporanges simples (fig. 41).

Ainsi, au lieu d'une épine combinée normalement à un sporange, on peut avoir deux sporanges ou deux épines, ou bien une seule épine ou un seul sporange. Il peut même arriver, comme le montre la fig. 41, qu'après deux épines fourchues successives, le rameau végétatif reprenne son organisation normale, tandis que la branche de la fourche supérieure qui remplace le sporange normal produit de nouveau un rameau épineux, lequel porte un rameau sporangifère, etc. Alors le filament sympodique général se ramifie.

D'un autre côté, sur les entre-nœuds qui séparent deux épines sporangifères successives, et après que les sporanges ont mûri et rejeté leurs spores, on voit çà et là se former tardivement un jeune rameau court, isolé, qui se recourbe en crochet et se termine directement par un sporange réfléchi, pareil aux précédents. Quand plusieurs de ces rameaux intercalaires se forment sur le même filament, ils se constituent de haut en bas, comme on le voit (fig. 42, *a*, *b*, *c*). Parfois une première crosse intercalaire en porte une seconde sur sa face convexe, comme on le voit (fig. 43).

Le filament principal ainsi constitué est dans toute son étendue dépourvu de cloisons, et il en est de même quelquefois des pointes et des rameaux sporangifères. Cependant assez souvent chaque pointe, d'abord continue, prend plus tard une cloison au-dessus du point d'insertion du rameau sporangifère (fig. 41, 42), et parfois une autre au-dessous (fig. 29). Ce rameau sporangifère lui-même a quelquefois une cloison vers sa base et une autre vers sa partie recourbée; mais ces cloisons ont une régularité beaucoup moins grande encore que dans le *Circinella umbellata*. La membrane des tubes, branches principales, épines, rameaux sporangifères, comme celle du sporange lui-même, est

hérissée de granules d'oxalate de chaux, et par le progrès de l'âge
elle brunit dans toute son étendue, ou quelquefois seulement le
long de bandes longitudinales, séparées par des bandes blanches.
Le sporange s'ouvre par la déhiscence circulaire assez irrégulière
de sa membrane non diffluente, de manière à laisser autour de la
columelle cylindroïde ou conique, quelquefois étranglée en son
milieu (fig. 30), la moitié au moins de sa surface. Les spores,
d'un bleu plus ou moins intense, sont parfaitement sphériques,
homogènes et plus petites que celles du *Circinella umbellata*,
atteignant ordinairement $0^{mm},004$ de diamètre.

Comparé au *Circinella umbellata*, le *Circinella spinosa* en
dérive par l'avortement constant du sporange terminal qui est
remplacé par une épine, par la réduction à l'unité du nombre
des rameaux circinés de l'ombelle, enfin par la position du
rameau végétatif usurpateur, qui est à l'opposite du rameau
sporangifère au lieu d'être du même côté. En outre, comme
nous l'avons déjà dit, cette espèce a ses spores plus petites, elle
est plus délicate et plus grêle dans toutes ses parties et offre un
port différent.

Nous l'avons rencontrée d'abord sur des excréments humains.
Nous l'avons cultivée en grand et à l'état de pureté parfaite sur
le même milieu, ainsi que sur du pain mouillé, de la pulpe
d'orange, etc. Nous nous sommes appliqués ensuite à suivre, par
des cultures cellulaires, sur des gouttes de décoction de crottin
et de jus d'orange filtré, toutes les phases du développement de
la plante.

Les spores germent immédiatement sur le jus d'orange, se
gonflent d'abord et produisent dès le premier jour un mycélium
formé de tubes rameux non cloisonnés, sur lequel nous n'avons
pas rencontré jusqu'à présent de chlamydospores mycéliennes
(fig. 36). Le second jour, les fructifications commencent à
paraître. Ce sont d'abord des crosses simples, pareilles à celles
que produit le *C. umbellata* dans les mêmes conditions de jeu-
nesse, mais qui s'en distinguent cependant par le diamètre
des spores (fig. 37, 39, 44). Mais bientôt le développement suit
une marche très-différente. Sur la convexité de la crosse se forme,

avec ou sans cloison supérieure, un rameau dressé, qui se recourbe en crosse généralement en sens contraire du précédent, et se termine par un sporange réfléchi (fig. 38, 45). Puis cette seconde crosse en produit une troisième, celle-ci une quatrième, et ainsi de suite, jusqu'à huit ou dix fois. Il se forme ainsi une guirlande fructifère très-élégante, le long de laquelle les sporanges circinés successifs, situés à l'extrémité de crosses de plus en plus courtes, alternent le plus souvent (fig. 47). Sur certaines crosses d'ordre n, il se forme fréquemment deux crosses d'ordre $n + 1$, l'une au-dessous de l'autre et après l'autre; la guirlande se ramifie alors dans diverses directions (fig. 46, 48, 49). Ainsi les premières fructifications qui apparaissent sur le jeune mycélium ont tous les caractères de la partie terminale des fructifications nées sur un mycélium âgé. Les appareils fructifères commencent comme ils finissent. Nos semis cellulaires ne nous ont pas donné de mycélium assez vigoureux pour produire des guirlandes fructifères munies d'épines.

Pas plus que le *C. umbellata*, le *C. spinosa* ne nous a jusqu'à présent offert de zygospores.

Notre *Circinella spinosa* nous semble identique avec la Mucorinée découverte en octobre 1870, par M. N. Sorokine, sur des mouches mortes, et qu'il a nommée, la croyant parasite, *Helicostylum Muscæ* (1). La seule différence paraît être dans la forme aplatie et le faible développement de la columelle dans la plante de M. Sorokine; mais elle peut s'expliquer par la nature assez peu favorable du milieu nutritif déjà envahi par l'*Empusa Muscæ*, circonstance qui a provoqué un raccourcissement général de toutes les parties de la plante. Les différences profondes qui séparent cette Mucorinée de l'*Helicostylum elegans* de Corda, n'ont pas échappé à M. Sorokine. « Mon Champignon, dit-il, diffère grandement de l'*Helicostylum elegans*, mais, selon toutes les probabilités, il appartient au même genre. » Après avoir pensé d'abord à en former un genre spécial, il s'est décidé à n'en faire

---

(1) N. Sorokine, *Recherches sur le développement de l'*Helicostylum Muscæ (*Bull. de la Soc. impér. des naturalistes de Moscou*, 1870, t. XLIII, p. 256 pl. 4.

qu'une espèce d'*Helicostylum*. En quoi l'auteur a sagement agi, puisqu'il ne connaissait l'*Helicostylum* que par la description de Corda, et qu'il ignorait le caractère essentiel de cette plante, c'est-à-dire la propriété qu'elle a de porter, outre les petits sporanges des rameaux tortillés, un grand sporange analogue à celui du *Mucor Mucedo* et terminant un filament principal dressé.

Circinella glomerata (pl. 22, fig. 50-53). — Notre troisième espèce de *Circinella* présente en quelque sorte, dans la disposition de ses branches sporangifères circinées, l'exagération du caractère qui distingue le *C. umbellata*. Ces sporanges, petits et piriformes, terminent des filaments circinés très-grêles, insérés côte à côte en très-grand nombre, une centaine peut-être, sur tout le pourtour de l'extrémité renflée du gros filament principal qui se dresse sur le mycélium (fig. 51). Tous ensemble ils forment une ombelle terminale, très-serrée et symétrique, une sorte de glomérule : c'est pourquoi nous appelons la plante *Circinella glomerata*. Dans ce glomérule les sporanges paraissent se développer et mûrir du sommet à la base.

A quelque distance de cette tête sporangifère, le filament principal émet, avec ou sans cloison supérieure, une grosse branche végétative qui se redresse et se termine plus haut par un glomérule semblable ; puis elle donne à son tour une branche végétative latérale, et ainsi cette plante possède, comme les deux espèces précédentes, une végétation indéfinie et sympodique (fig. 50).

Le petit sporange réfléchi et piriforme a environ $0^{mm},026$ de longueur et $0^{mm},020$ de plus grande largeur ; sa columelle est fort surbaissée (fig. 52, 53), et sa cavité est remplie par de nombreuses spores très-petites, ovales le plus souvent, incolores, atteignant $0^{mm},003$ de longueur. Le rameau sporangifère très-grêle, n'a guère que $0^{mm},002$ de largeur pour $0^{mm},100$ de longueur, tandis que le tube principal a environ $0^{mm},030$ de largeur. Le rameau sporangifère est donc au tube principal dans la proportion de 1 à 15, tandis que dans le *C. umbellata* il est avec lui dans le rapport de 1 à 3, et que dans le *C. spinosa* il est presque aussi large.

Nous avons rencontré cette espèce en filaments isolés sur du fumier de cheval; elle s'est montrée dans nos recherches plus rare que les deux autres, et nous l'avons perdue sans pouvoir pousser bien loin nos cultures.

IV

HELICOSTYLUM Corda.

Helicostylum elegans, pl. 23, fig. 54-56.

Le *Phycomyces* et les *Circinella* n'ont, comme les *Mucor* et les *Pilobolus,* qu'une seule espèce de sporanges, ou du moins les sporanges qui se développent successivement sur le mycélium ne diffèrent, en rapport avec la force végétative de celui-ci, que par leur dimension, par le développement relatif de leur columelle et par le nombre des spores qu'ils contiennent; les filaments qui les portent gardent toujours le même caractère. Il en est autrement dans les Mucorinées dont nous allons traiter maintenant. Elles ont deux espèces de sporanges portés par des filaments différents : de grands sporanges, à columelle très-développée, contenant un très-grand nombre de spores, à membrane diffluente, à pédicelle persistant et de petits sporanges sans columelle, à paroi non diffluente, mais à pédicelle très-fragile, par conséquent indéhiscents et caducs, renfermant un petit nombre de spores qui sont d'ailleurs entièrement semblables à celles des grands sporanges. Il n'y a toujours qu'une espèce de spores, s'il y a deux sortes de sporanges. Les filaments qui portent les grands sporanges sont droits et simples comme ceux des *Mucor;* ceux qui portent les petits sporanges se ramifient au contraire de diverses façons, de manière à former un système complexe, et c'est par les caractères de ramification et de direction des branches de ce système complexe que les divers genres qui jouissent de cette propriété se distinguent le plus nettement.

Les grands sporanges et les systèmes de petits sporanges peuvent être portés sur des filaments aériens distincts, insérés en des points différents sur le mycélium issu d'une seule et même

spore, mais ils peuvent aussi être insérés sur un seul et même filament aérien. La culture cellulaire montre d'ailleurs qu'il existe
entre eux au début de nombreuses transitions. De sorte qu'en
réalité ce n'est pas seulement deux espèces de sporanges et de
filaments que peut porter le mycélium issu d'une seule spore,
mais un nombre indéterminé d'espèces de sporanges et de filaments comprises et s'échelonnant entre ces deux extrêmes, mais
qui renferment toutes des spores identiques. Ces deux formes
extrêmes sont d'autant mieux différenciées et localisées, et les
formes de transition d'autant moins nombreuses, que la plante
s'avance davantage vers l'âge adulte.

Toutes les Mucorinées qui satisfont aux conditions que nous
venons d'exposer méritent donc le nom d'hétérosporangiées, et
par opposition on qualifiera toutes les autres d'homosporangiées.

On connaît bien aujourd'hui trois genres de Mucorinées hétérosporangiées : ce sont les *Helicostylum* Corda, *Thamnidium*
Link, et *Chætostylum*, gen. nov. ; il faut y ajouter sans doute le
genre *Thelactis*, trouvé au Brésil par M. de Martius, mais que
nous n'avons pas pu examiner. Nous allons donc étudier successivement ces trois genres, en commençant par l'*Helicostylum*.

Corda a décrit et figuré en 1842 (1), sous le nom d'*Helicostylum elegans*, une Mucorinée rencontrée par lui à Prague, en
1841, sur des bardeaux de toiture pourris. Cette plante ne paraît
pas avoir été étudiée depuis cette époque. M. Bonorden, qui
croit devoir en changer le nom pour en faire son *Pleurocystis
Helicostylum* (2), ne la connaît pas, car il admet que si son sporange est bien effectivement, comme l'affirme Corda, dépourvu
de columelle, elle devra constituer un genre à part.

L'ayant rencontrée en février 1872 sur un excrément de
chat (3), nous avons tout d'abord été frappés de la coexistence,
dans le même système fructifère adulte, de deux espèces de

______

(1) Corda, *Icones Fungorum*, V, 1842, p. 17 et 55, tab. II, fig. 28.

(2) Bonorden, *Handbuch der allgemeinen Mykologie*, 1851, p. 124.

(3) Nous l'avons retrouvée depuis spontanée sur un ver de terre mort, sur un piquet
de bois enfoncé dans du fumier, etc.

sporanges très-distincts, caractère qui a échappé à Corda et qui nous a déterminé à faire de cette plante une étude attentive au moyen de cultures suivies, tant en grand qu'en cellules.

Sur le mycélium adulte se dresse en effet un filament qui peut atteindre 3 à 4 centimètres de hauteur, et qui se termine comme celui des *Mucor* par un gros sporange à grande columelle et à très-nombreuses spores (fig. 54, *m*). La membrane de ce sporange est hérissée de granules ou de petites pointes d'oxalate de chaux ; sous l'action de l'eau elle se dissout en éparpillant ses granules et en disséminant les nombreuses spores qu'elle renfermait; celles-ci sont incolores, ovales, et ont $0^{mm},006$ à $0^{mm},008$ de longueur pour $0^m,004$ à $0^m,006$ de largeur.

Dans la région inférieure de ce filament principal s'insèrent circulairement, en des points rapprochés, de longues et fortes branches horizontales, qui se terminent ordinairement en pointe mousse, en se relevant un peu vers le haut. Dans sa partie inférieure ou vers son milieu, chacune d'elles produit en des points assez voisins un grand nombre de rameaux du second ordre enroulés en spirale, étroits, roides et cassants (fig. 54, *m*). Ces rameaux se terminent chacun par un petit sporange sphérique dont la cavité est séparée du tube par une cloison bombée à l'intérieur en une petite columelle hémisphérique ou tout à fait plane, selon la dimension assez variable du sporange (fig. 56). Ces petits sporanges incolores, ou d'un gris bleuâtre, quand ils sont vus en masse, ont leur membrane hérissée de granules d'oxalate de chaux, et ils peuvent contenir une vingtaine de spores ovales, lisses, incolores ou d'un bleu ardoisé, de même forme et de même dimension que celles du grand sporange terminal. D'ailleurs la dimension de ces sporanges, le nombre des spores qu'ils renferment et le degré de saillie de leur columelle varient beaucoup, et en général diminuent progressivement à mesure qu'ils terminent des rameaux de plus en plus élevés sur la branche. Ils peuvent être assez petits pour n'avoir que trois ou quatre spores et une cloison plane. Enfin il arrive parfois que la branche elle-même, au lieu de finir en pointe stérile, se termine par un sporange encore plus petit et ne contenant que deux spores ou même une seule spore, qui est alors sphérique. Mais nous avons vu aussi la branche recourbée vers le haut finir par un gros sporange à nombreuses spores, à columelle moyenne et à paroi à demi diffluente.

Tous les tubes de cet appareil sont d'ailleurs et demeurent entièrement dépourvus de cloisons, même au voisinage de l'insertion des diverses branches; leur membrane qui se colore en bleu par le chloro-iodure de zinc, est hérissée de granules d'oxalate de chaux.

A la maturité, les spores du sporange terminal sont mises en liberté, comme chez les *Mucor*, par la déhiscence basilaire et la dissolution subséquente de la membrane, dont les granules s'éparpillent; la grande columelle nue prolonge le filament (fig. 55) (1). La dissémination des spores des petits sporanges a lieu tout autrement. Les rameaux tortillés se brisent en plusieurs fragments et les sporanges tombent sans s'ouvrir. Ce n'est qu'assez longtemps après leur chute, par l'effet d'une pression mécanique ou par suite du gonflement même des spores lors de leur germination, que la membrane granuleuse se déchire irrégulièrement pour mettre en liberté les spores bleuâtres qu'elle renferme.

Telle est l'organisation de l'appareil fructifère adulte. Ce sont ces grandes branches horizontales terminées en pointe, que Corda a vues seules; il les considérait comme des branches mycéliennes, et regardait les rameaux spiralés qu'elles portent comme autant de tubes fructifères principaux correspondant aux filaments dressés des *Mucor*. Aussi les décrit-il en ces termes : « *Stipes erectus, spiraliter incurvus, simplex, dein deciduus.*

---

(1) Les semis cellulaires permettent de suivre pas à pas, ici comme chez le *Mucor Mucedo*, la manière dont se fait la déhiscence. La membrane du sporange présente, autour de la base de la columelle, une ligne de moindre résistance, le long de laquelle il se fait une première rupture circulaire. Sous l'influence du gonflement de la matière gélatineuse intercalée aux spores, la coiffe ainsi produite se soulève tout entière et s'incline latéralement en manière de capuchon, mettant ainsi à nu les spores groupées autour de la columelle. Jusqu'à ce moment les choses se passent donc absolument comme dans les *Pilobolus* ordinaires, quand on y empêche la projection de la membrane, ou comme dans le *P. mucoroïdes* de M. Brefeld, où cette projection n'a pas lieu. Mais ensuite cette coiffe se détruit en dissociant ses granules calcaires qui s'éparpillent. Quand on pose un sporange mûr dans l'eau, ce dernier effet se produit immédiatement en même temps que le premier, et le véritable mode de déhiscence échappe à l'observateur.

Sporangium acrogenum, stipiti adfixum, dein deciduum, irregulariter rumpens. Columella nulla... » (*Icon.*, V, p. 18.) On vient de voir que le renflement columellaire de la cloison du sporange n'est nul que dans les plus petits sporanges à quatre spores environ ; il se développe progressivement dans les autres en proportion même de leur dimension croissante et du nombre de plus en plus grand de spores qu'ils renferment.

Mais cet appareil fructifère peut être aussi plus compliqué ou plus simple. Plus compliqué, car les branches horizontales peuvent à leur tour produire un certain nombre de branches puissantes terminées en pointe, et qui portent ensuite les rameaux spiralés sporangifères. Ceux-ci sont alors de quatrième génération ; la complication s'élevant encore d'un degré dans la même voie, ils peuvent même devenir de cinquième génération. Plus simple, car le filament principal peut porter directement le long de ses flancs les rameaux spiralés qui sont alors de seconde génération (fig. 53, *i*). Les rameaux spiralés peuvent d'ailleurs être de génération différente dans les divers points d'un même système : ainsi, après avoir produit dans sa région inférieure des branches horizontales couvertes de rameaux spiralés du troisième ordre, le filament principal peut produire ensuite directement des rameaux spiralés du second ordre.

En outre, ces deux formes de sporanges peuvent être dissociées, c'est-à-dire naître indépendamment l'une de l'autre en des points différents du même mycélium. Certains filaments dressés et simples se terminent par un grand sporange et offrent l'aspect d'un *Mucor* (fig. 54, *g*). D'autres, au contraire, ne portent que des petits sporanges, mais de diverse façon. Tantôt le filament dressé se termine en pointe, et il produit soit directement des rameaux spiralés (*e*), soit de grosses branches horizontales terminées en pointe et chargées de rameaux tortillés (*l*) ; tantôt son sommet se renfle et se couvre d'une sorte d'ombelle de rameaux spiralés sporangifères (*f*) ; tantôt enfin, quand le mycélium est peu vigoureux au point considéré, le filament dressé se recourbe lui-même directement en spirale, et se termine alors par un sporange de moyenne taille, ayant une columelle, un assez grand nombre de spores et une paroi à moitié diffluente (*b*). Le filament spiralé sporangifère peut donc, comme nous le verrons encore plus loin, être de première génération.

Ainsi les deux formes de sporanges, les grands à pédicelle droit et les petits à pédicelle tortillé, peuvent être, ou bien associées dans un même système aérien implanté sur le mycélium par une tige commune, ou bien dissociées, c'est-à-dire insérées à distance en des points différents du mycélium produit par une spore primitive ou même sur des mycéliums distincts issus de spores différentes. Si donc en un point donné d'une culture on ne rencontre que les grands sporanges seuls, on sera porté à croire qu'on a devant les yeux une espèce du genre *Mucor*; et comme les sporanges ne sont pas sans avoir dans leur structure, dans la forme et la dimension de leurs spores, une grande analogie avec les sporanges du *Mucor Mucedo* qui accompagne fréquemment l'*Helicostylum*, c'est avec cette dernière espèce que la confusion sera le plus facile. Cette confusion, nous l'avons faite au début de nos recherches, et identifiant le grand sporange de l'*Helicostylum* au sporange du *Mucor Mucedo*, nous avons admis que ces deux plantes, ayant en commun le même appareil reproducteur, ne formaient qu'une seule et même espèce : le *Mucor Mucedo*; dès lors le système de petits sporanges à pédicelles tortillés devenait une forme reproductrice particulière appartenant au *Mucor Mucedo*, mais que cette plante ne développe que dans certaines circonstances. C'est dans ce sens que nous nous sommes exprimés dans notre première communication sur ce sujet (1). Revenus aujourd'hui de cette erreur, nous reconnaissons cependant qu'il était difficile de ne pas la commettre.

Tel est, dans sa structure complexe, l'appareil sporangifère que le mycélium de l'*Helicostylum elegans* produit dans l'air dans les cultures en grand.

Il faut étudier maintenant par des semis cellulaires la germination des spores, les caractères du mycélium et le développement des premières fructifications.

____

(1) Société philomathique, séance du 24 février 1872; Journal *l'Institut*, 13 mars 1872, p. 84.

Cultures cellulaires. — Les spores, nous l'avons déjà dit, qu'elles naissent dans le grand sporange terminal ou dans les petits sporanges à filament tortillé, ont même structure, même forme et même dimension. Elles sont ovales, incolores ou bleuâtres; elles mesurent environ $0^{mm},006$ à $0^{mm},008$ en longueur, et $0^{mm},005$ à $0^{mm},006$ en largeur; leur membrane n'a pas de contour interne distinct et leur protoplasma est parfaitement homogène; nous n'y avons pas vu, quand elles sont bien mûres, les gouttelettes d'huile signalées par Corda : « *Sporæ... nucleo firmo, guttulis oleosis repleto.* » (*Icon.*, V, p. 18.) À l'intérieur d'un même petit sporange, elles sont parfois très-inégales de forme et de dimension ; l'une d'elles, énorme et contournée en forme de haricot, peut occuper la moitié ou les deux tiers de la capacité du sporange, que quelques spores beaucoup plus petites achèvent de remplir.

Semées en cellule dans une goutte d'eau ordinaire, la plupart des spores ne germent pas; celles du bord, qui se trouvent plutôt dans l'air très-humide que dans l'eau, donnent un court filament mycélien dont une branche, assez voisine de la spore, se dresse et se termine bientôt par un tout petit sporange contenant jusqu'à dix spores et une très-petite columelle; ce court filament est tantôt droit, tantôt recourbé en spirale, et parfois même il porte à son tour un petit rameau spiralé sporangifère. Dans le liquide minéral non sucré, quelques spores ont germé aussi, un peu mieux que dans l'eau, et ont donné quelques tubes terminés par de petits sporanges. Mais, dans une goutte de décoction ou de jus d'orange, on obtient en cellule de belles cultures, et nous allons, pour exemples, suivre la marche de deux de ces semis faits simultanément dans ces deux milieux différents.

On sème en cellule dans une goutte de décoction un petit sporange à pédicelle spiralé. Après dix heures, les spores, revenues à la forme sphérique, se sont gonflées et ont acquis environ $0^{mm},016$, deux fois leur plus grand diamètre primitif. Ce n'est qu'après cette première nutrition qu'elles émettent un, deux ou trois tubes principaux de $0^{mm},006$ à $0^{mm},008$ de largeur. Après vingt-quatre heures, ces tubes sont très-rameux, toujours dépourvus de cloisons, et leurs branches sont de deux sortes : les unes puissantes, principales, végètent activement; les autres, grêles, promptement divisées et ramifiées, forment des pinceaux radicellaires qui se séparent plus tard des tubes principaux par une cloison située près de leur base. Ce mycélium, tout intérieur au liquide, a donc tous les caractères principaux de celui des *Mucor*. Après quarante-huit heures, les tubes principaux ont dressé dans l'air de la cellule un grand nombre de branches terminées par un sporange. Très-granuleux à leur base, ces filaments fructifères sont, les uns tout à fait droits (fig. 54, *a*), d'autres plus ou moins recourbés vers la goutte, d'autres entièrement contournés de manière à reporter le sporange vers le fond de la cellule (*b*). Les sporanges sont aussi assez inégaux : les uns renferment une vingtaine de spores, une columelle notable et une membrane granuleuse diffluente, les spores demeurant retenues autour de la columelle par une goutte d'eau sécrétée au sommet; d'autres n'ont que 4, 3, 2 spores, sans columelle, à membrane persistante, ou même une seule spore sphérique de $0^{mm},008$ environ, contre laquelle la membrane du sporange est directement appliquée. Ainsi dans ces premières fructifications cellulaires, on observe toutes les transitions entre les filaments droits et enroulés comme entre les grands et les petits sporanges. Les jours suivants, le mycélium, acquérant une vigueur plus grande, développe des fructifications plus hautes et plus compliquées. Après quatre jours, en effet, outre les premiers fruits que nous venons d'indiquer, on trouve des systèmes de sporanges à divers degrés de complication. Ici le filament principal s'enroule encore en spirale, se termine encore par un assez gros sporange à columelle faible, mais il porte en certains points des rameaux plus grêles, plus fortement enroulés et terminés par des sporanges plus petits (*c, d*). Là le filament, complétement droit, est plus haut et se termine par un grand sporange à columelle très-développée et à spores très-nombreuses, et s'il demeure souvent nu (*g*), il porte aussi quelquefois vers sa base, soit d'un seul côté, soit tout autour, et à diverses hauteurs, des rameaux tortillés à petits sporanges ayant 4 à 5 spores et une cloison plane (*h*). Là encore le filament, également dressé et muni de rameaux spiralés, se termine en pointe stérile (*e, f*). Ailleurs enfin, le filament dressé, terminé en pointe ou par un grand sporange, produit une ou plusieurs grosses branches latérales qui finissent en pointe et portent à leur tour les rameaux spiralés (i, k, l). On s'achemine ainsi par degrés vers l'organisation de l'appareil fructifère de la plante adulte.

Les mêmes résultats ont été obtenus avec d'autres liquides azotés, le moût de bière, l'urine fraîche, etc.

Les semis cellulaires faits simultanément sur jus d'orange donnent un mycélium plus vigoureux qui développe des fructifications plus puissantes, signes d'une plus abondante nutrition. Les spores, devenues sphériques, y atteignent d'abord environ $0^{mm},020$, c'est-à-dire trois et quatre fois leur plus grand diamètre primitif, en demeurant pleines de protoplasma sans vacuoles, avant de pousser un tube mycélien. Après vingt-quatre heures, chacune d'elles a cependant émis un ou plusieurs gros tubes courts qui se divisent en fausse dichotomie. Le développement superficiel du mycélium est à cette heure beaucoup moins avancé que dans la décoction, mais la masse du protoplasma qui remplit les gros tubes est certainement plus considérable. Après quarante-huit heures, ce mycélium a continué à s'étaler lentement, mais il n'y a pas encore trace de fructifications, tandis que les gouttes de décoction en sont déjà couvertes. Après trois jours, le protoplasma qui remplit les gros tubes mycéliens est plein de granules un peu sombres; ces tubes continuent à se développer en rayonnant, et ils ont produit dans l'air quelques filaments très-longs, parfaitement droits et simples, terminés par un gros sporange à paroi diffluente. Après quatre jours, outre ces filaments sporangifères droits et nus, on en voit quelques autres pareils, mais qui portent en une ou deux régions de leur parcours des faisceaux de branches tortillées à petits sporanges, et d'autres encore terminés en pointe stérile et également munis de ces rameaux spiralés latéraux.

Ainsi, dans le jus d'orange, les semis cellulaires donnent la même succession de fructifications que dans la décoction, seulement les premières fructifications sont plus vigoureuses, et en revanche leur apparition est plus tardive, parce qu'il se constitue d'abord une base plus solide, un mycélium plus vigoureux. Nous avons déjà constaté cette différence pour le *Phycomyces nitens*.

Nous insisterons encore sur ce fait que, dans ces cultures cellulaires, le nombre des gros sporanges à membrane diffluente et à filament droit est très-grand, celui des petits sporanges indéhiscents à filament tortillé au contraire très-petit. Certaines cultures produisent même exclusivement les premiers sans trace des seconds, et l'on croirait alors avoir devant les yeux une récolte provenant d'un semis de spores de *Mucor Mucedo*; de pareilles cultures sont en effet très-décevantes, et c'est ainsi que nous avons tout d'abord été induits en erreur.

Dans ces semis d'*Helicostylum* sur jus d'orange, nous avons vu aussi, à plusieurs reprises, les filaments mycéliens former çà et là dans leur intérieur des chlamydospores isolées qui sont plus tard mises en liberté par la résorption de leur membrane.

Végétation étouffée. — Dans tout ce qui précède, nous avons supposé que l'air arrivait à la plante en quantité assez grande pour suffire à son développement normal. Mais si l'on fait germer des spores ou végéter un mycélium déjà développé d'*Helicostylum* dans la profondeur d'un liquide nutritif, là où il ne peut recevoir qu'une très-faible proportion d'oxygène, les choses se passent autrement. Semons par exemple des spores d'*Helicostylum* dans une goutte de jus d'orange, recouvrons la goutte d'une lamelle et plaçons le porte-objet dans une atmosphère humide. Les spores situées très-près des bords germent en tubes mycéliens qui fructifient en dehors, parce qu'elles ont le libre accès de l'air; mais vers l'intérieur, les spores se gonflent d'abord jusqu'à acquérir environ $0^{mm},028$, puis elles bourgeonnent tout autour en formant des corps sphériques ou piriformes qui bourgeonnent de leur côté, et il se constitue ainsi des amas ou des chapelets de gros grains, de forme et de dimension assez inégales. Quelquefois la spore gonflée produit d'abord un bout de tube simple ou rameux qui bourgeonne ensuite à son sommet. Enfin, tout au centre de la goutte, là où l'air manque presque complétement, les spores se gonflent encore et se nourrissent tout d'abord, mais elles se remplissent ensuite de vacuoles, ne bourgeonnent pas, et s'altèrent peu à peu.

Si l'on place de même dans le jus d'orange sous lamelle des tubes mycéliens en voie de développement normal, chaque extrémité de tube se comporte à partir de ce moment comme la spore elle-même, c'est-à-dire bourgeonne et forme des chapelets de grains arrondis qui se dissocient facilement, grains qui alternent çà et là avec des bouts de tube plus ou moins longs.

Mais il faut se garder, selon nous, d'assimiler aux chlamydospores mycéliennes ces chapelets de grains nés de la spore ou du mycélium, quand on force la spore ou le mycélium déjà formé à vivre désormais avec insuffisance d'oxygène; il faut n'y voir qu'une forme particulière, une forme émiettée du mycélium lui-même appropriée aux conditions nouvelles qu'on lui impose, mais périssable comme lui. Que la nourriture vienne à manquer en effet, ou que l'on supprime complétement l'oxygène, ces grains s'altèrent peu à peu, se résorbent et meurent comme les filaments mycéliens placés dans ces mêmes conditions. Il en est tout autrement des chlamydospores mycéliennes qui, grâce à la condensation et aux transformations accomplies dans leur protoplasma, grâce à la membrane propre qui les protége, subsistent inaltérées après cette résorption, et reproduisent plus tard un mycélium nouveau.

Nous n'avons pas jusqu'ici rencontré avec certitude les zygospores de l'*Helicostylum*.

V

THAMNIDIUM Link.

Thamnidium elegans, pl. 23, fig. 57-60.

Link a décrit en 1816, sous le nom de *Thamnidium elegans*, une Mucorinée dont le filament fructifère principal, terminé par un grand sporange à columelle semblable à celui des *Mucor*, produit latéralement des branches plusieurs fois dichotomes, dont les derniers ramuscules portent, suivant lui, des sporidies,

5

c'est-à-dire des spores simples (1). Fries, ne voyant dans cette production de sporidies latérales qu'un caractère spécifique, range la plante dans le genre *Mucor*, sous le nom de *M. elegans* (2). Corda a montré plus tard que les organes reproducteurs latéraux ne sont pas des spores simples, mais de petits sporanges sans columelle, contenant ordinairement quatre spores pareilles à celles du sporange terminal (3). Comme Fries, il n'accorde à ce système de petits sporanges qu'une valeur spécifique, et comme le grand sporange a tous les caractères de celui de son *Ascophora Mucedo*, c'est à côté de cette espèce qu'il place la plante sous le nom d'*Ascophora elegans*.

Cependant il y avait longtemps qu'Eschweiler (4) avait décrit et figuré, sous le nom de *Melidium subterraneum*, un appareil fructifère dichotome à petits sporanges sans columelle et renfermant un petit nombre de spores, souvent quatre. Cet appareil est identique au système dichotome latéral du *Thamnidium* de Link, tel que Corda l'a fait connaître, et qui peut parfaitement, on le sait, se rencontrer isolé et dépourvu du grand sporange terminal. Les observations de Link et d'Eschweiler se rapportent donc à une seule et même plante et se complètent. Corda aurait dû, à la suite et comme conséquence de ses observations personnelles, faire cette identification, et rayer, comme faisant désormais double emploi, le prétendu genre *Melidium;* cette remarque lui a échappé.

MM. de Bary et Woronine (5), allant plus loin encore dans la voie de rapprochement suivie par Fries et Corda, ont admis, non pas seulement l'analogie, mais l'identité du grand sporange terminal du *Thamnidium* avec celui du *Mucor Mucedo*, et par suite l'identité spécifique des deux plantes : pour eux, le système

---

(1) Link, *Observ. in ord. nat. plant. dissertat.*, I, 1816.

(2) Fries, *Systema*, I, p. 183.

(3) Corda, *Icones Fungorum*, III (1840), p. 14.

(4) Eschweiler, *De fructificatione generis Rhizomorphæ commentatio.* Elberfeld, 1822.

(5) De Bary et Woronine, *Beiträge zur Morph. und Physiol. der Pilze*, II (1866), p. 16.

dichotome de petits sporanges est une forme reproductrice qui appartient en propre au *Mucor Mucedo*, mais qui n'apparaît sur les filaments ordinaires de cette plante que dans de certaines conditions.

Au début de nos recherches, nous avions d'abord adopté cette manière de voir ; mais nous n'avons pas tardé à nous apercevoir que son point de départ même, c'est-à-dire l'identité supposée des deux grands sporanges terminaux et des spores qu'ils renferment, était ici, comme pour l'*Helicostylum*, une erreur, et que le *Thamnidium* constitue une plante parfaitement autonome. On en acquerra la preuve par ce qui suit.

Nous ne nous arrêterons pas à décrire ici l'état bien connu de la fructification adulte, celui où le filament dressé, qui peut atteindre 5 ou 6 centimètres de hauteur, se termine par un grand sporange à columelle, et produit latéralement un ou plusieurs étages successifs de branches isolées ou verticillées, dichotomes, et dont les derniers ramuscules portent de petits sporanges sans columelle. Nous ferons observer seulement que cette combinaison n'est pas le seul état qu'on rencontre dans les cultures en grand ; on y trouve en effet, isolément, d'un côté des filaments simples et nus couronnés par le grand sporange, de l'autre des filaments également simples, terminés par le buisson dichotome de petits sporanges (*Melidium* d'Eschweiler). Les premiers peuvent produire plus tard quelques branches latérales simples à grand sporange ; les seconds peuvent de même porter ultérieurement de nouveaux systèmes latéraux dichotomes à petits sporanges.

Ainsi les deux formes de sporanges peuvent, dans les grandes cultures, se trouver dissociées sur différentes régions du mycélium, et s'y superposer en formant des systèmes homogènes ; elles peuvent aussi s'associer sur le même filament aérien, et se combiner en systèmes hétérogènes. Dans ce dernier cas, tantôt c'est le filament couronné par le grand sporange qui produit et porte le buisson de sporangioles ; c'est la combinaison la plus habituelle, mais quelquefois c'est l'inverse : le filament terminé par un buisson de sporangioles porte une branche latérale à grand sporange. Enfin les deux modes peuvent se présenter successivement dans un même système complexe ; un filament dressé à grand sporange porte une branche horizontale terminée par un buisson dichotome ; celle-ci porte à son tour un rameau latéral oblique terminé par un grand sporange, lequel produit de nouveau une branche latérale à sporangioles (fig. 57, *i*).

Telles sont les diverses manières d'être des deux systèmes de sporanges grands et petits, dans l'état nettement différencié où on les rencontre sur le mycélium adulte des grandes cultures. Le grand sporange a toujours, en effet, un filament simple persistant, une grande columelle, une membrane incrustée de granules ou de fines aiguilles d'oxalate de chaux et qui difflue dans l'eau en éparpillant ces granules ou ces aiguilles, et un très-grand nombre de spores ainsi disséminées. Les petits sporanges, au contraire, ont toujours leur filament un plus ou moins grand nombre de fois dichotome ; leurs pédicelles courts et très-fragiles, séparés de la cavité par une cloison plane ou très-faiblement bombée ; leur membrane encore hérissée de granules plus ou moins saillants d'oxalate de chaux, mais non soluble dans l'eau ; leurs spores, enfin, souvent au nombre de quatre, mais pouvant atteindre six, huit ou dix, et descendre à trois, deux, ou même une seule qui remplit alors tout le sporange : c'est par la chute totale de ces petits sporanges, et par la déchirure ultérieure de la membrane, que les spores sont mises en liberté. Qu'elles sortent d'un grand ou d'un petit sporange, les spores sont d'ailleurs semblables : homogènes, incolores ou rarement bleuâtres, ovales, elles ont environ $0^{mm},008$ à $0^{mm},010$ de longueur et $0^{mm},006$ à $0^{mm},008$ de largeur. Quand le sporange est monosperme, ce qui arrive quelquefois presque exclusivement sur d'assez grandes étendues de cultures (1), la spore est sphérique, intimement appliquée contre la membrane du sporange dont elle se distingue difficilement

(1) Une fois, notamment, nous avons rencontré ce *Thamnidium* spontané sur du bois moisi ; les filaments étaient courts, dépourvus de grands sporanges, les pédicelles dichotomes arqués, les sporangioles en majeure partie monospermes, à membrane granuleuse. C'est sous cette forme trapue et sans grands sporanges que la plante a été décrite par Eschweiler (*loc. cit.*).

(fig. 59), mais dont la pression la fait sortir (fig. 60) ; elle mesure souvent 0^{mm},012 de diamètre, mais elle peut descendre à 0^{mm},008 et s'élever à 0^{mm},016. Il est probable que c'est sous cette forme monosperme que le *Thamnidium* a été découvert par Link ; c'est ce qui explique que cet auteur ait pu facilement prendre ces sporanges pour des spores simples.

Cultures cellulaires. — Les cultures cellulaires vont nous montrer qu'au début de la végétation du mycélium, il y a ici, comme dans l'*Helicostylum*, d'innombrables transitions entre ces deux formes de sporanges.

Semées en cellule sur l'eau ordinaire, les spores de *Thamnidium* n'ont pas germé ; sur le liquide minéral, elles ont germé, mais les tubes mycéliens se sont promptement vidés, en concentrant leur protoplasma sur certains points, et formant des chlamydospores mycéliennes isolées ; ils n'ont pas fructifié. Sur la décoction au contraire, et sur le jus d'orange, on obtient de belles cultures.

La spore ovale se gonfle d'abord, devient sphérique, et continue à s'accroître pendant quelque temps ; puis, sans trace d'exospore rompue, elle émet un ou deux tubes qui se ramifient progressivement en formant çà et là, sur le trajet des branches principales, des rameaux promptement atténués, divisés en pinceaux radicellaires, et qui se séparent bientôt de la branche par une cloison près de leur base. Les premiers développements du mycélium s'opèrent donc comme dans l'*Helicostylum*. Après quarante-huit heures, le mycélium ainsi formé a produit dans l'air de la cellule un grand nombre de branches sporangifères dressées ; elles portent tantôt un seul sporange de dimension très-variable (fig. 57, *a*), et dont les spores peuvent, si la nutrition est insuffisante, se réduire à deux ou même à une seule, tantôt deux sporanges, tantôt trois, puis quatre, huit, seize, trente-deux, etc. (*b, c, d, e*). A mesure qu'augmente le nombre des bifurcations de cette dichotomie terminale, la dimension des sporanges et le renflement interne de la cloison diminuent, et ils finissent par n'avoir plus d'ordinaire, comme dans la plante adulte, que quatre spores environ. Les premières fructifications émanées du jeune mycélium présentent donc toutes les transitions possibles entre les deux espèces de sporanges et de filaments; on y voit entre autres de petits sporanges sans columelle couronner des filaments simples, et de gros sporanges à columelle notable terminer des dichotomies (1). Et toutes ces transitions s'observent non-seulement sur un mycélium issu de plusieurs spores, mais même sur un appareil végétatif issu bien certainement d'une spore unique; une branche mycélienne émanée de cette spore se relèvera par exemple, comme dans la figure 58, en un tube simple à grand sporange, tandis qu'une autre se redresse à côté en un tube terminé par un système trois fois dichotome à huit sporanges moyens.

En outre, sur ces filaments dressés de complication diverse, il pourra se développer plus tard, avec ou sans cloison supérieure, des branches horizontales ordinairement dichotomes, et à sporanges plus petits et plus nombreux que ceux de la dichotomie terminale (fig. 58). Plusieurs fois même il nous est arrivé, dans nos cultures cellulaires, de voir ces rameaux latéraux secondaires, après s'être un certain nombre de fois bifurqués, terminer leurs extrémités par autant de sporanges monospermes, tandis que la dichotomie terminale, au contraire, comptait, par exemple dans un cas, 16 sporanges de moyenne taille contenant chacun une vingtaine de spores et une petite columelle. La spore de ces sporanges monospermes est sphérique, a environ 0^{mm},005 à 0^{mm},006 de diamètre, et est étroitement appliquée contre la membrane du sporange, dont elle se distingue a peine; mais la pression, en déchirant cette membrane, met la spore en liberté (fig. 59, 60). Si on les soumet à la germination, ou bien la membrane se déchire et expulse la spore qui se gonfle et se développe au dehors; ou bien la spore, sans se gonfler, perce la membrane et s'allonge

---

(1) Dans ces sporanges de structure et de dimension intermédiaires terminant des dichotomies peu compliquées, les spores sont souvent très-inégales. L'une d'elles, réniforme, occupe parfois la plus grande partie du sporange, que quelques spores inégales et petites achèvent de remplir. Il n'y a d'à peu près constantes que la forme et la dimension des spores des très-grands et des très-petits sporanges. Il en est de même, nous l'avons vu, dans l'*Helicostylum*.

directement en tube en laissant sa base emboîtée dans le sporange. Nous insistons à dessein sur ces sporanges monospermes
de *Thamnidium* que nous avons déjà rencontrés dans les grandes
cultures, et que l'*Helicostylum* présente aussi, quoique plus rarement; nous aurons bientôt en effet, à propos du *Chœtocladium*,
à invoquer cette observation.

Tant sur décoction que sur jus d'orange, une chose nous a
frappés dans ces premières fructifications cellulaires : c'est la rareté relative des grands sporanges à columelle et à filament
simple ; l'extrême abondance au contraire des dichotomies terminales plus ou moins complexes, et portant des sporanges plus
ou moins petits. Il arrive même assez fréquemment que des
cultures cellulaires sont tout entières et exclusivement compo-
sées de dichotomies à sporangioles, sans trace de filaments
simples à grand sporange. On se rappelle que nous avons fait
une remarque analogue, mais en sens inverse, pour l'*Helicostylum*. Là c'étaient au contraire les filaments allongés à grand
sporange qui prédominaient de beaucoup et qui parfois se mon-
traient seuls. Dans les cultures sur porte-objet, la confusion est
donc beaucoup plus difficile à éviter entre le *Mucor Mucedo*
et l'*Helicostylum* qu'entre cette plante et le *Thamnidium*.
MM. de Bary et Woronine affirment au contraire que « dans
leurs cultures les filaments à petits sporanges n'apparaissaient
d'ordinaire qu'après que le développement des tubes simples
à grands sporanges avait duré quelques jours et toujours en
faible quantité au milieu de ces derniers » (*loc. cit.*, p. 16).
Cette contradiction nous paraît indiquer dans les cultures de
MM. de Bary et Woronine la présence d'une grande quantité
de *Mucor Mucedo* mélangé au *Thamnidium*.

Végétation étouffée. — Enfin nous avons fait germer les spores
du *Thamnidium* et végéter son mycélium sous une couche de
liquide nutritif, de jus d'orange par exemple, de manière à
rendre difficile l'accès de l'air et à empêcher la plante de fructifier. Dans ces conditions, les spores se nourrissent d'abord et se
renflent en grosses sphères homogènes; puis ces sphères bour-

geonnent et forment autour d'elles une ou plusieurs sphères
semblables, qui bourgeonnent à leur tour en formant des chapelets
irréguliers et plus ou moins compliqués. Les filaments mycéliens
déjà développés, soumis au même étouffement, forment aussi à
leurs extrémités des chapelets de grains ou d'articles irréguliers
où le protoplasma se condense temporairement, et qui paraissent
un acheminement vers l'état de chlamydospores. Enfin, dans les
mêmes conditions de végétation profonde et stérile, nous avons vu
des rameaux mycéliens assez courts se renfler par endroits, souvent à leur extrémité, en énormes sphères à paroi granuleuse,
et qui contiennent un protoplasma creusé de larges vacuoles.

Nous n'avons pas rencontré les zygospores du *Thamnidium*.
Comme pour l'*Helicostylum*, leur germination présenterait un
intérêt particulier; car on ne peut dire à l'avance si la zygospore
produira le grand sporange à filament simple, ou l'appareil dichotome terminal, ou bien encore les deux à la fois, le premier
au sommet et les autres sur ses flancs.

VI

CHÆTOSTYLUM, gen. nov.

Chætostylum Fresenii, pl. 23, fig. 61-63.

Ce troisième type de Mucorinées hétérosporangiées a, comme
les deux précédents, de grands sporanges à columelle et à membrane diffluente couronnant des filaments simples et verticaux,
et de petits sporanges sans columelle, caducs et à membrane
persistante terminant les dernières branches d'un système de ramifications. Il en diffère par la nature de ce système de ramifications. Sauf les dernières qui portent les sporangioles, toutes les
branches de ce système se terminent ordinairement en pointe et
produisent circulairement en des points rapprochés, sur une région plus ou moins renflée de leur parcours, un certain nombre
de branches d'ordre supérieur et de plus en plus courtes.

Par cette terminaison en pointe de toutes les branches, moins
les dernières, et par le groupement en faux verticille des rameaux
de même génération sur la branche qui précède. ce système de

petits sporanges ressemble beaucoup à celui du *Chætocladium*, avec lequel la plante se rencontre mélangée sur le crottin de cheval, et avec lequel elle se confond aisément de manière à paraître plus rare qu'elle n'est sans doute en réalité. Mais l'appareil fructifère du *Chætocladium* a, comme celui des *Circinella* et du *Rhizopus*, un développement indéfini, une végétation en guirlande à la manière deš lianes, tandis que celui de notre plante à, comme dans l'*Helicostylum* et le *Thamnidium*, un développement terminé : d'où une différence très-grande dans le port et dans le mode de végétation. D'autre part, par la structure de ses petits sporanges et le nombre très-variable de spores qu'ils renferment, par la terminaison en pointe des branches successives, sauf les dernières, cette plante se rapproche beaucoup de l'*Helicostylum*. C'est pour consacrer cette double analogie avec le *Chætocladium* et l'*Helicostylum* que nous proposons de l'appeler *Chætostylum*.

M. Fresenius, cherchant à retrouver le *Thamnidium elegans* qu'il ne connaissait pas, a eu la bonne fortune de découvrir deux autres formes de Mucorinées: la première a été appelée plus tard par M. de Bary, *Piptocephalis Freseniana*, nous y reviendrons plus loin; la seconde nous paraît être précisément la plante dont il est ici question, nous la nommons donc *Chætostylum Fresenii* (1). M. Fresenius a vu que ce système de sporanges s'insère par sa base sur un filament de *Mucor* que ce botaniste identifie avec le *Mucor Mucedo;* pour lui, ce système appartient donc en propre au *Mucor Mucedo*, c'est pourquoi sans doute il ne lui donne pas de nom spécial. Il nous semble aussi très-probable que la Mucorinée rencontrée par M. Klein (2), regardée par lui, au même titre que le *Thamnidium elegans* lui-même, comme un simple système reproducteur du *Mucor Mucedo*, et nommée à cause de cette égale dépendance *Bulbothamnidium elegans*, n'est pas autre chose que la plante que nous étudions ici.

Le filament principal du *Chætostylum Fresenii*, dressé sur le

----

(1) Fresenius, *Beiträge zur Mykologie*, III, 1863, p. 96.

(2) Klein, *Mykologische Mittheilungen* (*Verhandlungen der k. k. zool. botan. Gesellschaft in Wien*, 1870, t. XX).

mycélium, se termine, soit par un sporange à grande columelle et à paroi diffluente (fig. 61), soit par une pointe stérile. Il produit, en un ou plusieurs étages superposés, des branches rapprochées en faux verticilles ou quelquefois en touffes unilatérales, horizontales ou recourbées vers le haut, et terminées en pointe. Celles-ci, à leur tour, développent vers leur région médiane un peu renflée des branches rapprochées en faux verticille, plus courtes que les premières, mais également terminées en pointe, et qui produisent de même vers leur milieu un verticille de branches pointues. Enfin celles-ci, renflées au milieu comme les branches correspondantes du *Chætocladium*, produisent de même sur ce renflement de courts rameaux grêles, simples en général, et terminés chacun par un petit sporange à paroi permanente (fig. 62). Ce sporange peut renfermer une vingtaine de spores, et alors sa cloison est bombée en une petite columelle hémisphérique; mais il peut être assez petit pour n'en contenir que quatre, ou deux, ou même une seule, avec une cloison plane.

On observe à cet égard toutes les transitions que nous avons déjà signalées dans l'*Helicostylum*. Comme dans l'*Helicostylum*, certaines branches principales peuvent se terminer par un sporange de dimension intermédiaire entre le grand sporange et les sporangioles. En général, le sporangiole est d'autant plus petit que le système est plus compliqué, c'est-à-dire que le degré de génération du pédicelle qu'il termine est plus élevé, et que ces pédicelles sont plus nombreux. Mais ce degré de génération est très-variable suivant les fructifications que l'on étudie. Les pédicelles des petits sporanges peuvent s'insérer directement sur le filament dressé terminé par un grand sporange ou par une pointe mousse; ils sont alors du deuxième ordre et peuvent s'insérer directement au sommet renflé d'un filament principal. Ailleurs ils sont du troisième ordre, ailleurs du quatrième ordre; enfin, dans la description donnée plus haut, ils étaient du cinquième ordre. Une même branche terminée en pointe peut porter d'ailleurs à sa base un verticille de branches pointues sur lesquelles s'insèrent les pédicelles, et plus haut, en un second étage, produire directement ces pédicelles eux-mêmes (fig. 63).

Qu'elles soient produites en grand nombre dans un gros sporange persistant, à membrane diffluente, ou en petit nombre dans un petit sporange caduc, à membrane résistante et qui se déchire ultérieurement, les spores ont partout même structure et même forme. Comme celles de l'*Helicostylum* et du *Thamnidium*, elles sont homogènes, incolores ou parfois légèrement bleuâtres, ovales, et ont en général $0^{mm},008$ de longueur sur $0^{mm},005$ de largeur.

Avant de quitter ce sujet, comparons entre eux les trois types de Mucorinées hétérosporangiées que nous venons d'étudier successivement : *Helicostylum*, *Thamnidium*, *Chœtostylum*, et nous serons frappés de la grande analogie qu'ils présentent dans la structure du mycélium, dans le développement défini de l'appareil sporangifère, dans la structure du sporange et les variations de même ordre et entre les mêmes limites qu'il subit dans sa dimension, dans la proéminence de sa cloison, dans le nombre de ses spores, dans le degré de solubilité de sa membrane et de résistance de son pédicelle, enfin dans la structure, la forme et la dimension de ses spores. Par leurs sporanges seuls et par leurs spores, ces types seraient donc très-difficiles à distinguer, même spécifiquement. La seule différence importante réside dans le mode de ramification du système de tubes qui produit les petits sporanges, et dans la forme des derniers rameaux de ces systèmes, c'est-à-dire des pédicelles. La ramification est-elle terminale et dichotomique, c'est le *Thamnidium;* est-elle au contraire latérale en faux verticilles, si les pédicelles sont droits, c'est le *Chœtostylum*, s'ils sont enroulés en spirale, c'est l'*Helicostylum*.

Toutefois, comme on ne connaît jusqu'ici qu'une seule espèce pour chacun de ces trois genres, on peut se demander si ces caractères différentiels sont réellement d'ordre générique, et si l'on n'exprimerait pas mieux les vraies affinités de ces trois Mucorinées en les regardant comme les trois espèces d'un seul et même genre. La considération des *Thelactis*, quatrième genre de Mucorinées hétérosporangiées, dont on doit la connaissance à C. de Martius, peut jeter quelque lumière sur cette question. Les *Thelactis* diffèrent des trois types précédents comme ceux-ci diffèrent entre eux, c'est-à-dire par la disposition du système de petits sporanges. Ceux-ci terminent des rameaux droits insérés directement en plusieurs verticilles superposés sur le filament principal terminé par le grand sporange. La structure de ces petits sporanges n'est pas connue. Quoi qu'il en soit, Martius décrit plusieurs espèces de *Thelactis* où la disposition des sporangioles demeure constante, et qui se distinguent entre elles par leur dimension et la couleur du sporange (*Th. flava, virens, violacea, coccinea*). Nous n'avons pas pu étudier ce genre, et la remarque que nous faisons ici n'a pas d'autre objet que de montrer, en réponse à la question posée plus haut, qu'il est nécessaire de laisser génériquement séparés les trois types que nous venons d'étudier.

VII

CHÆTOCLADIUM Fres.

Chætocladium Jonesii Fres., pl. 23, fig. 64-70. — *Chætocladium Brefeldii*, sp. nov., fig. 71-79.

Au début de ces recherches, nous avons rencontré, mélangée au *Mucor Mucedo*, sur le crottin de cheval, une Mucorinée pourvue de tous les caractères assignés par MM. Berkeley et Broome à leur *Botrytis Jonesii* (1), type érigé par M. Fresenius en un genre distinct sous le nom de *Chætocladium Jonesii* (2), et étudié plus tard sous ce même nom par MM. de Bary et Woronine (3). La dimension des corps reproducteurs sphériques notamment, regardés par tous ces auteurs comme de simples spores acrogènes ou conidies, était fixée par MM. Berkeley et Broome à $0^{mm},0076$, par M. Fresenius de $0^{mm},0066$ à $0^{mm},0086$, par MM. de Bary et Woronine, de $0^{mm},0066$ à $0^{mm},0078$ et même jusqu'à $0^{mm},010$; elle était trouvée par nous comprise ordinairement entre $0^{mm},006$ et $0^{mm},008$. Nous avons donc identifié notre plante avec le *Chætocladium Jonesii* Fres.

(1) *Ann. and Magaz. of natural History*, 2e série, 1854, XIII, pl. 15.
(2) *Beiträge zur Mykologie*, 1863, p. 97.
(3) *Beiträge zur Morph. und Physiol. der Pilze*, 2e série, 1866, p. 18.

Nos premiers essais de culture sur porte-objet nous ont portés à admettre, avec MM. de Bary et Woronine, qu'il y a un lien de filiation entre ce *Chœtocladium* et le *Mucor Mucedo* auquel on le rencontre mélangé dans les cultures en grand (1). Mais nous nous sommes dès lors écartés de tous les auteurs précédents en montrant que les organes reproducteurs du *Chœtocladium* ne sont pas de simples spores acrogènes, mais de véritables sporanges monospermes à membrane souvent hérissée de granules d'oxalate de chaux (fig. 64) et qui se détachent à la maturité par rupture de leurs pédicelles, comme se détachent les sporangioles, parfois aussi monospermes, des *Helicostylum*, *Thamnidium* et *Chœto-stylum*. En effet, une simple pression ménagée fait éclater la membrane grisâtre et granuleuse du sporange, et en fait sortir une spore sphérique, lisse, homogène, le plus souvent colorée en bleu ardoisé plus ou moins foncé (fig. 65, *a*, *b*). D'un autre côté, au début de la germination, la spore qui commence à se gonfler brise la membrane granuleuse du sporange, s'échappe par sa fente et la laisse vide à une certaine distance, parfois encore adhérente à son pédicelle (fig. 65, *cc*, *d*); elle germe ensuite au dehors. Il suffit d'assister à la sortie de ces spores quelques heures après le semis pour être convaincu. Si l'on suit ensuite la germination des sporanges monospermes accidentels du *Thamnidium*, par exemple, qui ont à peu près la même dimension, on voit se passer sous ses yeux absolument la même série de phénomènes (fig. 59 et 60).

Ainsi ce caractère d'avoir des sporangioles monospermes, qui n'est qu'accidentel dans le *Thamnidium* et dans les deux genres voisins, est la règle sans exception dans le *Chœtocladium;* voilà sous ce rapport toute la différence, car ces sporangioles sont disposés sur un système de branches pointues verticillées fort analogue à celui du *Chœtostylum*. En outre, le *Chœtocladium* n'a que des sporangioles monospermes, jamais de grand sporange, et le développement de son système de fructifications est, comme dans les *Circinella*, indéfini; de là, comme chez ces dernières plantes, l'analogie de son mode de végétation et de son

____

(1) *Comptes rendus*, 8 avril 1872.

port avec celui des lianes. Telles sont à la fois, vis-à-vis des Mucorinées précédentes, ses affinités étroites et ses différences caractéristiques. Par rapport aux Mucorinées hétérosporangiées, il fait, pour ainsi dire, pendant aux *Mucor*. Les *Mucor* n'ont que de grands sporanges ; les *Chœtocladium* n'ont que des sporangioles ayant atteint leur limite extrême de spécialisation, c'est-à-dire monospermes.

Dès ces premières études, nous avions commencé à cultiver le *Chœtocladium Jonesii* en cellule sur des gouttes de décoction et de jus d'orange ; nous l'y avions obtenu parfaitement pur, sans trace de *Mucor*, et conservé pur pendant plusieurs générations successives (*loc. cit.*, p. 1001). Ce dernier résultat s'étant constamment reproduit dans la suite de nos recherches, nous avons dû bientôt renoncer à la théorie de MM. de Bary et Woronine que nos premiers semis, sans doute impurs, avaient paru vérifier ; et, dans notre mémoire sur les *Circinella*, lu au congrès de Bordeaux (séance du 9 septembre 1872), nous avons, comme on l'a vu plus haut, affirmé l'indépendance complète du *Chœtocladium Jonesii* et reconnu en lui un genre distinct caractérisé entre tous par ses sporanges monospermes.

Peu de temps après, nous avons eu connaissance du mémoire de M. O. Brefeld (1), et nous y avons lu (p. 30 et 35) que l'auteur, après avoir, au début, suivi comme nous et cru vérifier la doctrine de MM. de Bary et Woronine, l'avait, comme nous, reconnue inexacte, et en était venu à admettre l'autonomie du *Chœtocladium* par rapport au *Mucor Mucedo*. M. Brefeld a eu, en outre, l'heureuse fortune de rencontrer une fois, sur une culture en grand, les zygospores du *Chœtocladium* qu'il a étudié, et d'en obtenir la germination. Mais nous n'avons pas été peu surpris de voir que M. Brefeld : 1° continue à admettre, malgré notre publication antérieure qu'à vrai dire il ne cite pas, que les organes reproducteurs du *Chœtocladium* sont de simples spores acrogènes, des conidies ; 2° regarde le *Chœtocladium* comme parasite du *Mucor Mucedo* et du *Rhizopus nigricans*.

____

(1) *Botanische Untersuchungen über Schimmelpilze.* Leipzig, août 1872.

Nous venons de dire que nous avions cultivé le *Chætocladium Jonesii* en cellule sur jus d'orange, à l'état de pureté parfaite et pendant une longue suite de générations; il ne pouvait donc, pour nous, être question de parasitisme.

Mais en même temps nous remarquions que le *Chætocladium* étudié par M. Brefeld diffère du nôtre, qui est, croyons-nous, le vrai *Chætocladium Jonesii*, notamment par la dimension de ses corps reproducteurs, qui sont au moins moitié plus petits, n'ayant, d'après ce botaniste, que 0^{mm},0018 à 0^{mm},0033 de diamètre. C'est donc à tort que M. Brefeld l'a désigné sous le nom de *Chætocladium Jonesii*. Nous nommerons *Chætocladium Brefeldii* cette espèce à petits sporanges si bien étudiée par M. Brefeld. On la rencontre parmi le *Mucor Mucedo*, sur le crottin de cheval, souvent mélangée à la première.

Nous avons cultivé en cellule, à l'état de pureté parfaite, l'une et l'autre de ces deux espèces de *Chætocladium*, et nous allons rendre compte des résultats obtenus.

Chætocladium Jonesii.— Semis cellulaires purs.— En semant en cellule sur goutte de décoction ou de jus d'orange un petit nombre de corps reproducteurs purs, ou mieux un seul de ces corps, et en suivant d'heure en heure le développement de la culture, on démontre facilement : 1° que les corps reproducteurs du *Chætocladium Jonesii*, tenus jusqu'ici pour de simples spores acrogènes pareilles à celles des *Botrytis*, sont en réalité des sporangioles monospermes caducs, semblables à ceux des *Helicostylum, Thamnidium, Chætostylum ;* 2° que le *Chætocladium Jonesii* est parfaitement indépendant du *Mucor Mucedo* ou de toute autre Mucorinée, soit comme appareil reproducteur, soit comme vrai parasite.

Ces corps reproducteurs (fig. 64), détachés de la plante à la maturité, sont d'un bleu d'ardoise plus ou moins intense ; leur surface externe est hérissée de granules calcaires plus ou moins développés, granules qui n'ont pas échappé à MM. Berkeley et Broome, et l'on y trouve parfois adhérente une petite partie du pédicelle cassé (fig. 65, *a*). Il n'est pas rare qu'on puisse y distinguer une membrane externe séparée du corps sphérique intérieur, parce que la spore ne remplit pas complétement le sporange ; mais souvent cette distinction directe est difficile, parce que la spore est partout en contact intime avec la paroi interne du sporange ; il en est de même d'ailleurs dans les sporangioles monospermes du *Thamnidium*. Par la pression, on brise facilement la membrane externe cassante, et il en sort un corps sphérique homogène, à surface lisse, coloré en bleu ardoisé quelquefois très-intense : c'est la spore ; la membrane déchirée du sporange est mince, granuleuse et grisâtre (fig. 65, *b*). Mais c'est dans les phénomènes qui accompagnent le début de sa germination qu'on trouvera peut-être la preuve la plus convaincante de la nature sporangiale du corps reproducteur. Nous allons donc rendre compte de l'un de nos nombreux semis cellulaires purs.

Un rameau fructifère de *Chœtocladium Jonesii*, terminé en pointe et portant sur son renflement médian huit corps reproducteurs déjà mûrs, mais encore attachés à leurs pédicelles, est placé en cellule dans une goutte de jus d'orange. Sept heures après le semis, la membrane externe s'est ouverte par une assez large déchirure, et la spore est, suivant les corps reproducteurs, ou totalement sortie (*c*, *c*), ou encore à moitié contenue dans la membrane (*d*) ; pour ces derniers on assiste à la sortie qui a lieu avec une certaine force de projection de manière à envoyer la spore dans le liquide à une petite distance du rameau fructifère. Bientôt il ne reste adhérentes à ce rameau que les membranes granuleuses et fendues des sporanges primitifs, attachées par leur pédicelle au renflement.

La spore lisse et bleuâtre, ainsi échappée du sporange, se décolore et se gonfle progressivement jusqu'à acquérir trois à quatre fois son diamètre primitif, sans perdre sa forme sphérique ; une large vacuole en occupe souvent le centre (fig. 66, *a*). Puis elle se déforme, devient ovale, prend un certain nombre d'angles saillants (*b*, *c*, *a*), prolonge ses divers angles en gros tubes courts qui rayonnent dans toutes les directions, se divisent tout de suite en dichotomies rapprochées ou en palmures (fig. 66, *c*, 67, 68, 69), et forment enfin un îlot ou tubercule mycélien compacte qui s'accroît lentement et grossit par la périphérie. Chaque spore produit ainsi un tubercule qui, à l'œil nu, a l'aspect d'un grain mat pouvant atteindre la grosseur d'une tête d'épingle. Il ne se forme pas ici de ces longs tubes rameux pourvus de branches radicellaires et constituant un mycélium diffus, comme dans les *Mucor ;* la germination est toute différente, et cette circonstance permet de découvrir le second jour, dans une culture cellulaire, la présence de spores de *Mucor* qui auraient échappé lors du premier contrôle du semis.

Ce n'est guère que trois, et quelquefois seulement quatre jours après le semis, que certaines branches périphériques de ces tubercules mycéliens blancs se dressent dans l'air, s'y allongent beaucoup, s'y infléchissent et s'y ramifient dans toutes les directions. Ces longs tubes principaux portent latéralement, isolés ou verticillés par 2 ou 3, des branches terminées en pointe qui produisent à leur tour, vers leur milieu, deux ou trois branches pointues plus courtes ; celles-ci, renflées en leur milieu, portent sur ce renflement un certain nombre de petits pédicelles grêles, simples, ou quelquefois dichotomes, terminés chacun par un sporange monosperme bleu ardoisé, granuleux, et mesurant $0^{mm},006$ à $0^{mm},008$ de diamètre (fig. 64). En un mot, ce sont les fructifications normales du *Chætocladium Jonesii*, telles qu'on les rencontre dans les grandes cultures. A mesure qu'elles se développent, le protoplasma, lentement accumulé pendant les premiers jours dans les gros tubes rayonnants du tubercule mycélien, s'épuise, et ces tubes se vident. En même temps certaines de leurs extrémités s'effilent brusquement, tandis que d'autres se renflent énormément en manière de gros ballons à surface granuleuse, prolongés quelquefois en pointe (fig. 70, *a, b*). Mais nous n'y avons jamais aperçu de chlamydospores.

Il ne s'est développé dans ce semis et dans un grand nombre de cultures cellulaires analogues, ni *Mucor* ni aucune autre production étrangère. Le *Chætocladium Jonesii,* semé pur, y a germé, s'est développé et y a produit d'abondantes fructifications normales, sans aucun secours étranger autre que le jus d'orange. Il n'est donc parasite ni du *Mucor Mucedo,* ni d'aucune autre Mucorinée.

D'une première culture cellulaire pure ainsi obtenue, nous avons semé les sporanges en cellule et obtenu une seconde récolte parfaitement pure; de cette seconde récolte une troisième, et ainsi de suite un assez grand nombre de fois. Le *Chætocladium Jonesii* se reproduit donc indéfiniment lui-même et sans mélange de *Mucor* pendant une longue suite de générations. Il n'a donc aucun lien de filiation ni avec le *Mucor Mucedo*, ni avec aucune autre Mucorinée.

Mais c'est ici le lieu de faire une remarque dont l'importance se fera sentir plus loin. Le tube fructifère aérien du *Chætocladium* porte latéralement ses systèmes de sporanges; il a comme celui des *Circinella* et du *Rhizopus*, une végétation indéfinie en manière de guirlande ou de liane. Or il n'est pas très-rare de voir quelqu'un de ces tubes végétatifs émettre latéralement au lieu et place d'un système de fructifications, une branche courte et grosse, qui se divise bientôt un grand nombre de fois en dichotomie, et forme ainsi un tubercule blanc tangent au tube, ou même qui l'enveloppe entièrement. Ces tubercules ressemblent tout à fait aux tubercules mycéliens issus de la germination des spores. Ce sont en quelque sorte des tubercules mycéliens aériens, formés çà et là sur le rameau végétatif; certaines de leurs branches peuvent d'ailleurs aussi se prolonger dans l'air en nouveaux filaments fructifères indéfinis. Ils correspondent en quelque sorte aux pinceaux de radicelles qui se développent sur les filaments aériens indéfinis du *Rhizopus*, et qui sont le point de départ de fructifications nouvelles.

Ces séries de semis cellulaires ont été répétées bien des fois, sur jus d'orange, sur jus de raisin, sur décoction, et toujours avec le même résultat. Avec le jus de raisin ce résultat est d'autant plus intéressant que MM. de Bary et Woronine déclarent avoir semé le *Chætocladium* sur porte-objet dans ce liquide, et n'en avoir obtenu que du *Mucor Mucedo* sans mélange de *Chætocladium* (*loc. cit.*, p. 19); c'est en effet ce qui arrive souvent, comme nous le verrons plus loin quand le semis est impur: le *Chætocladium* est étouffé par le *Mucor* introduit par mégarde, et qui prend l'avance sur lui.

Sur jus d'orange le mycélium, avons-nous dit, se développe lentement en autant de tubercules vigoureux qu'il y a de spores primitives, et les fructifications, qui émanent assez tardivement de ces tubercules, atteignent tout de suite, en revanche, un très-haut degré de complication. Quelquefois cependant le nodule germinatif est très-réduit ; la spore émet cinq ou six tubes palmés, dont l'un se dresse immédiatement dans l'air et se couvre de fructifications, tandis que les autres se terminent en doigts de gant à peu de distance de la spore. Dans ce cas, le mycélium plongé se réduit à une simple base d'implantation pour le filament aérien qui doit, à cause de sa végétation indéfinie, être considéré comme un filament de mycélium aérien. Si l'on veut toutefois le considérer comme le filament fructifère de première génération, on remarquera que les systèmes de fructifications qu'il porte n'ont pas toujours le même degré de complication, et que les pédicelles sporangifères n'y sont pas toujours, comme nous les décrivions tout à l'heure, de quatrième génération ; ils peuvent être de troisième ou de seconde, comme aussi de cinquième génération. En outre ces systèmes de fructifications, même assez compliqués, peuvent parfaitement ne pas renfermer de pointes, parce que les rameaux de divers ordres se terminent directement chacun en un sporange monosperme ; nous avons déjà signalé des différences correspondantes dans les *Helicostylum* et *Chætostylum*.

Dans la décoction, les spores de *Chætocladium Jonesii* germent de ' la même manière que dans les jus de fruits, mais, signe d'une nutrition plus pauvre, les tubes émanés de chaque spore sont moins nombreux, plus allongés, moins rameux et beaucoup plus tôt vidés ; ils ne portent jamais toutefois de branches radicellaires ou de crampons latéraux. Après quelque temps de reptation dans le liquide, ces tubes cylindriques rayonnants se relèvent dans l'air et portent les fructifications dont l'apparition, beaucoup plus précoce que dans le jus d'orange, a lieu dès le second jour. En revanche, surtout s'il y a des bactéries dans le liquide, il n'est pas rare de les rencontrer à un état beaucoup plus simple, et ces dégradations mêmes ont leur intérêt. Ainsi le tube redressé dans l'air peut se terminer simplement par un sporange de $0^m,010$ à $0^m,012$ de diamètre, mais toujours monosperme comme lorsqu'il y en a un grand nombre (fig. 79, *a*), ou bien, en même temps que ce sporange terminal et au-dessous, il en produit un verticille de deux ou trois autres montés sur des pédicelles qui ont deux fois leur diamètre, ou bien encore il se termine en pointe stérile et ne porte que ce verticille de pédicelles latéraux sporangifères (*b*) : tels sont les degrés les plus simples des fructifications issues du mycélium. A cet état de dégradation le développement de l'appareil aérien est donc défini; il n'y a pas de filament végétatif aérien portant latéralement les systèmes fructifères. Nous avons rencontré cette même différence dans les premières fructifications des *Circinella*, et elle se montre aussi chez le *Rhizopus*, dont les premiers filaments sporangifères issus directement des tubes mycéliens sont isolés et dépourvus de racines et de stolons. Mais ces premiers sporanges ont déjà tous leurs caractères ordinaires, leur diamètre de $0^m,008$ à $0^m,010$, leur membrane plus ou moins nettement hérissée de granules calcaires, et la couleur bleue qu'ils doivent à leur unique spore.

En résumé, de cet ensemble de semis cellulaires purs, dans des milieux nutritifs différents, il résulte que le *Chætocladium Jonesii* constitue dans la famille des Mucorinées un type autonome et nullement parasite, caractérisé par des sporanges, tous d'une seule espèce et monospermes, et par le développement indéfini des filaments aériens qui portent latéralement les appareils fructifères. Ces filaments aériens ont la propriété de former en certains points de leur parcours des tubercules de ramifications enchevêtrées, analogues aux tubercules mycéliens, et d'où peuvent partir ensuite de nouveaux filaments fructifères.

Semis cellulaires mélangés. — En même temps que les petits sporanges de ce *Chætocladium* semons maintenant, toujours en cellule et sur du jus d'orange par exemple, quelques spores de *Mucor Mucedo* ou de toute autre espèce de *Mucor*. Les spores de *Mucor* développeront tout d'abord leurs longs tubes rameux qui se répandront peu à peu dans toute la goutte en en dépassant les bords. Pendant ce temps les spores de *Chætocladium* germent plus lentement et de la façon que nous venons d'expliquer. Ces deux mycéliums si différents, l'un diffus, l'autre condensé en pelotes, se développent comme s'ils étaient seuls et sans contracter aucune relation l'un avec l'autre. Le premier émet dans l'air de la cellule ses tubes fructifères simples, le second un peu plus tard ses filaments rameux plus grêles. Mais partout où un filament de *Chætocladium* vient rencontrer dans l'air un tube de *Mucor*, il se fait constamment ce que nous avons vu tout à l'heure arriver quelquefois sur les filaments de *Chætocladium* isolé, c'est-à-dire qu'il s'établit une adhérence intime et que tout autour du point de contact le filament de *Chætocladium* émet de grosses protubérances rameuses qui s'enchevêtrent en formant autour des deux tubes un gros tubercule blanc mat, d'où peuvent partir ensuite de nouveaux filaments fructifères de *Chætocladium*. Si le tube de *Mucor* est très-jeune et en voie d'allongement quand il est attaqué ainsi, il ne continue pas son développement ; mais s'il a déjà accumulé son protoplasma dans son renflement terminal, il produit son sporange, forme et mûrit ses spores, comme si de rien n'était.

Ainsi, si les mycéliums des deux plantes sont évidemment indépendants, leurs filaments aériens contractent un lien d'appui et de parasitisme. Le *Chætocladium Jonesii* végète dans l'air entre les tubes élevés et rigides du *Mucor Mucedo*, comme une liane parasite entre les arbres de la forêt, en multipliant ses crampons et suçoirs autour des points d'appui. En résumé, la plante n'est pas parasite, mais elle peut vivre en parasite aux dépens du *Mucor Mucedo*, et elle acquiert alors une vigueur plus grande.

Dans ces semis mélangés il faut éviter avec soin de semer une trop grande quantité de spores de *Mucor*, car ces spores, se développant les premières, envahissent bientôt toute la goutte et se couvrent de fructifications ; les spores de *Chætocladium*, plus tardives, commencent bien à germer à leur façon ordinaire, mais bientôt elles s'arrêtent étouffées et ne fructifient pas. Il arrive donc souvent qu'en semant sur le jus d'orange du *Chæto-*

cladium mêlé de spores de *Mucor*, on n'obtient qu'une récolte de *Mucor* sans *Chœtocladium*, et l'on peut croire alors, comme nous l'avons fait au début, après MM. de Bary et Woronine, à une transformation qui est purement illusoire.

C'est probablement à l'espèce de *Chœtocladium* que nous venons d'étudier, et qui, selon nous, est le vrai *Chœtocladium Jonesii*, que M. Brefeld fait allusion (*loc. cit.*, p. 39, note). « Elle ne diffère, dit-il, de l'espèce étudiée dans son mémoire, que par la dimension de ses spores, mais sa germination et son développement sont tout différents; elle n'est qu'un demi-parasite et attaque seulement les filaments fructifères de toutes les Mucorinées. »

Chœtocladium Brefeldii. — Le *Chœtocladium Brefeldii* se comporte d'une manière différente. Comme nous l'avons dit plus haut, nous appelons ainsi un *Chœtocladium* fort analogue au précédent, mais plus grêle dans toutes ses parties, et qui en diffère surtout par ses sporanges bleuâtres beaucoup plus petits, compris entre $0^{mm},003$ et $0^{mm},005$; nous croyons pouvoir l'identifier avec celui que M. Brefeld a étudié dans son mémoire, et dont il a obtenu les zygospores.

Pour M. Brefeld, non-seulement les corps reproducteurs de ce *Chœtocladium* sont des spores simples et nues, des conidies, mais en outre la plante est parasite du *Mucor Mucedo* et du *Rhizopus nigricans*. M. Brefeld déduit ce parasitisme de deux preuves, l'une négative, l'autre positive : 1° seule ou en société de toute autre Mucorinée que ces deux-là, la plante ne se développe pas ; 2° en société avec ces deux espèces, elle s'accroche à elles, mycélium à mycélium, filaments aériens à filaments aériens, et alors elle se développe et fructifie abondamment. Mais nous savons déjà que le *Ch. Jonesii* n'est pas parasite, et que cependant, quand il végète au milieu de Mucorinées quelconques, il fixe ses filaments aériens sur les leurs et en acquiert une vigueur plus grande. Il n'est pas parasite au vrai sens de ce mot, mais il peut vivre en parasite et il vit volontiers de cette façon. N'en serait-il pas de même ici ? C'est ce que vont nous apprendre deux séries de cultures cellulaires pures d'abord, puis mélangées de *Mucor Mucedo*.

Semis cellulaires purs. — Pour plus de précision nous allons, parmi nos nombreux semis cellulaires purs, sur jus d'orange ou sur décoction, prendre pour exemple un de ceux où la goutte ne renfermait qu'un seul et unique corps reproducteur.

Le corps reproducteur placé dans une goutte de décoction, mesure $0^{mm},0035$. Six à huit heures après le semis, il se fait une large fente dans sa membrane externe, et il s'en échappe une spore sphérique bleuâtre ; la membrane vidée est souvent hyaline et un peu grisâtre, quelquefois finement granuleuse ; elle est plus mince que dans le *Ch. Jonesii* et se résorbe assez promptement dans le liquide. L'existence de cette membrane d'où la spore s'échappe pour germer, prouve qu'ici comme dans le *Ch. Jonesii*, le corps reproducteur est un sporange monosperme et non une spore simple, comme l'admet M. Brefeld, à qui cette circonstance a échappé.

Mise en liberté, la spore se gonfle en demeurant sphérique, acquiert plusieurs fois son volume primitif, et enfin émet un seul ou deux tubes qui s'allongent en se ramifiant progressivement en forme d'éventail. Les branches ne portent d'abord pas de rameaux latéraux, mais plus tard, à mesure qu'elles s'allongent, elles développent d'abord des protubérances latérales, puis des rameaux courts et crochus simples ou rameux. Ces crampons latéraux diffèrent beaucoup des rameaux radicellaires des filaments mycéliens des *Mucor* ; ils ne sont jamais, comme eux, séparés du tube principal par une cloison basilaire (fig. 71).

Cette germination en un ou deux tubes allongés, rameux, dont les branches divergent peu à peu dans toute la goutte et sont hérissées de rameaux crochus, a un aspect très-différent de celle du *Ch. Jonesii*, et elle apporte peut-être la meilleure preuve de la différence spécifique de ces deux formes.

Ce mycélium diffus, issu d'une spore unique, s'accroît pendant quatre jours ; il s'étale peu à peu dans toute la goutte, dont il dépasse les bords en rampant sur la lamelle, et couvre un espace circulaire de 5 à 6 millimètres de diamètre. Le quatrième jour, il s'est fait dans les tubes principaux, d'abord parfaitement simples, quelques rares cloisons, mais il n'y a pas encore de tubes fructifères aériens. Le cinquième jour, sur les extrémités des filaments qui occupent la périphérie de la goutte, se sont dressées dans l'air de la cellule des branches grêles encore dépourvues de fructifications. Ces tubes aériens sont tantôt les extrémités redressées des filaments principaux eux-mêmes; mais le plus souvent elles proviennent du développement considérable de l'un des ramuscules d'un crampon latéral (fig. 72, 73). Dans ce dernier cas, les autres ramuscules se multiplient parfois et s'enchevêtrent autour de la base du premier en formant une sorte de pelote ou de tubercule plus ou moins compliqué. Enfin, le sixième jour un grand nombre de ces filaments aériens portent, sur des branches latérales, des groupes de sporanges monospermes bleuâtres, comme le montrent les figures 72 et 74.

Ces semis cellulaires de *Ch. Brefeldii* ont été souvent répétés, soit avec un sporange unique, soit avec un petit nombre de sporanges purs, tantôt sur décoction, tantôt sur jus d'orange, et toujours avec le même résultat, c'est-à-dire avec constitution d'un mycélium diffus, dont les branches principales portent latéralement des rameaux crochus, mycélium qui du quatrième au sixième jour porte des fructifications normales. Il ne saurait donc être question ici de parasitisme véritable et nécessaire, et cette seconde espèce peut, comme la première, végéter et se reproduire indépendamment de toute plante hospitalière.

L'argument négatif invoqué par M. Brefeld (p. 30 et 31) est donc sans valeur. Il repose sur des échecs dans les cultures; mais les cultures, notamment sur décoction, et c'est toujours dans ce seul liquide que M. Brefeld a fait ses semis, échouent par les causes les plus diverses, et l'on voit qu'il est sage de ne jamais rien conclure de pareils insuccès, même répétés.

Semis cellulaires mélangés. — Suivons maintenant une des cultures cellulaires où à côté de quelques sporangioles de *Chætocladium*, on a placé un très-petit nombre de spores de *Mucor Mucedo*.

Le *Mucor* et le *Chætocladium* germent et se développent
d'abord chacun à sa manière et comme s'il était seul, en formant deux mycéliums faciles à distinguer ; celui du *Mucor* prend
tout d'abord une avance très-marquée sur son voisin. Les tubes
diffus et rameux du *Chætocladium* s'approchent donc çà et là,
longent ou croisent ceux du *Mucor*. Là où un crampon de
Chætocladium vient toucher par le sommet de quelqu'un de ses
rameaux un tube de *Mucor*, soit principal, soit radicellaire, il
s'établit d'abord un contact intime, puis par résorption des
parois, une continuité entre ce rameau et ce tube (fig. 75 et 76).
Aussitôt tous les autres rameaux du crampon se développent,
s'épaississent, se divisent et s'enchevêtrent autour du point
d'union pour l'envelopper d'un tubercule plus ou moins compliqué. On trouve, dès le second jour après le semis, un certain
nombre de ces tubercules à divers états de développement, mar-
quant autant de points d'union entre les deux mycéliums.

Il faut remarquer toutefois que, même dans les cultures pures
de *Chætocladium*, de pareils tubercules se développent quelquefois, quoique beaucoup plus rarement, sur les crampons mycéliens à la base des filaments dressés dans l'air (1).

Le troisième jour, le *Mucor* a fructifié ; le *Chætocladium* pas
encore, bien qu'il ait déjà produit dans l'air de longs filaments

(1) Cette union des tubes de *Chætocladium* et de *Mucor* avec résorption des membranes a lieu d'ailleurs aussi çà et là entre tubes de *Chætocladium*. Ainsi la figure 77
représente trois spores s s' s'' de *Ch. Brefeldii* ayant germé côte à côte, et ayant abou-
ché l'un dans l'autre leurs tubes mycéliens, de manière que les points d'union sont
presque impossibles à déterminer. Ailleurs, comme dans la figure 78, ce sont, sur un
filament principal bien développé, deux rameaux crochus qui, recourbés l'un vers
l'autre, se fusionnent par leur sommet en formant une anse. Nous ignorons, la chose
étant très-difficile à bien voir, si dans les tubercules aquatiques ou aériens que forme
parfois le *Ch. Brefeldii* pur, ou dans les tubercules aériens que produit çà et là le
Ch. Jonesii pur, il s'opère entre les divers rameaux enchevêtrés une pareille continuité
protoplasmique. Mais il nous semble résulter de ces faits que la soudure par continuité
du *Chætocladium* au *Mucor* n'est que la mise en jeu d'une propriété propre au *Chætocladium*, et qu'il peut exercer sur lui-même. Nous voyons ainsi apparaître pour la
première fois, chez les Mucorinées, cette faculté d'anastomose des tubes mycéliens,
que les Ascomycètes possèdent au plus haut degré (*Penicillium, Botrytis, Arthrobotrys*, etc.), mais que d'autres Mucorinées. que nous étudierons plus loin, manifestent
avec non moins d'intensité.

grêles et rameux. Ces filaments partent quelquefois d'un tubercule ou d'un point voisin ; mais bien plus souvent encore ils se
forment très-loin de tout point de contact avec le *Mucor*, sur les
tubes ordinaires de *Chætocladium*, tandis qu'en revanche beaucoup de tubercules ne portent pas de filaments aériens. Le quatrième jour ont apparu, sur les filaments aériens, des branches
munies de groupes de sporanges plus ou moins compliqués,
mais toujours dépourvues de pointes; celles-ci ne se développent
que plus tard avec la vigueur croissante de la culture. Là où
dans l'air de la cellule les longs filaments flexueux du *Chætocladium* rencontrent et touchent les tubes sporangifères du
Mucor, il s'établit entre eux une connexion de même ordre
qu'entre les tubes mycéliens, semblable à celle qui a lieu dans
les mêmes circonstances entre le *Ch. Jonesii* et le *Mucor*,
et autour du point d'union le tube de *Chætocladium* développe
des branches courtes et grosses enchevêtrées en un gros tubercule blanc.

Ainsi, dans les cultures mélangées de *Mucor*, le *Chætocladium
Brefeldii* s'attache au *Mucor* à la fois dans le liquide et dans
l'air, mycélium à mycélium et filaments aériens à filaments
aériens. Tout ce que dit à cet égard M. Brefeld nous paraît parfaitement exact. Nous accorderons encore que cette fixation
donne au *Chætocladium* une vigueur plus grande et lui permet
de développer plus vite des fructifications plus nombreuses; c'est
ce qu'attestent en effet plusieurs cultures cellulaires simultanées
et comparatives, renfermant les unes du *Chætocladium* pur, les
autres du *Chætocladium* mêlé de *Mucor*.

Mais le *Chætocladium Brefeldii* n'est pas pour cela parasite
dans le sens absolu que l'on donne à ce mot et qui implique une
nécessité d'existence, puisqu'il peut vivre et fructifier tout seul.
Tout ce qu'on peut dire, c'est qu'étant indépendant, il se fixe
volontiers à la fois dans le sol et dans l'air sur le *Mucor Mucedo*,
et, suivant M. Brefeld, sur le *Rhizopus nigricans*, et que cette
fixation lui donne une vigueur plus grande. Ce fait, ainsi que
la continuité de tissu qui s'établit entre les deux plantes, montre
qu'il absorbe une partie de la substance du *Mucor*, et qu'ainsi

il n'y a pas seulement fixation, mais jusqu'à un certain point parasitisme.

Seulement c'est un parasitisme facultatif; il peut vivre, il vit volontiers en parasite, mais il n'est pas permis de dire d'une façon générale et sans autre explication qu'il est parasite. Cela est si vrai, que nous avons obtenu plusieurs cultures cellulaires doubles, où *Chætocladium Brefeldii* et *Mucor Mucedo* vivaient et fructifiaient côte à côte, sans se nuire, mais sans s'aider non plus, car en aucun point du mycélium ou des filaments aériens, il n'y avait d'union entre eux. D'autres cultures présentaient quelques tubercules aquatiques, mais les filaments aériens des deux espèces étaient complétement indépendants. Ainsi le besoin que le *Chætocladium* peut avoir du *Mucor* n'est pas si impérieux qu'il ne puisse vivre à ses côtés sans le satisfaire. Cela est si vrai encore, que si l'on ne sème pas, avec les quelques sporanges de *Chætocladium*, un assez petit nombre de spores de *Mucor*, ces dernières, prenant les devants, absorbent toute la nourriture; le *Chætocladium* germe bien, mais il est étouffé et n'arrive pas à fructifier. Or, s'il était véritablement parasite, il acquerrait évidemment un développement d'autant plus abondant que sa plante nourricière est plus vigoureuse.

Ce n'est donc qu'un complément de nourriture, qu'un superflu, et surtout un appui que le *Chætocladium Brefeldii* demande au *Mucor*, mais il meurt quand ce dernier, trop abondant, enlève au milieu nutritif commun assez de nourriture pour l'empêcher d'atteindre cet état où déjà vigoureux, il est capable de s'appuyer sur le *Mucor* et d'en tirer ce supplément de nourriture.

Il en est donc, en résumé, du *Chætocladium Brefeldii* comme du *Chætocladium Jonesii*. Tous deux ont pour corps reproducteurs des sporanges d'une seule espèce et monospermes. Ni l'un ni l'autre ne sont véritablement parasites. Mais tous deux ont la faculté de se fixer sur d'autres Mucorinées qui servent d'appui à leur végétation indéfinie et flexueuse, et jusqu'à un certain point aussi les nourrissent. Toutefois cette fixation s'y opère à des degrés inégaux : entre filaments aériens seulement et avec toutes les Mucorinées dans le *Ch. Jonesii;* à la fois entre filaments mycéliens et aériens, et, d'après M. Brefeld, sur les seuls *M. Mucedo* et *Rhizopus nigricans,* dans le *Ch. Brefeldii.*

Les *Chætocladium* sont donc indifféremment parasites ou non. Nous retrouverons plus loin chez d'autres Mucorinées ces deux faits en apparence contradictoires : la plante se fixant sur une autre et y puisant une partie de sa nourriture, mais pouvant parfaitement vivre, se développer et fructifier seule. Ce genre de parasitisme, indifférent ou facultatif, comme on voudra l'appeler, n'a pas lieu d'ailleurs de surprendre dans les Champignons. A vrai dire, tous les Champignons, comme tous les animaux, sont parasites des végétaux à chlorophylle, puisque tous en dépendent au moins pour leur carbone. Étant au fond tous parasites, quoi d'étonnant qu'ils le soient les uns un peu plus, les autres un peu moins, et même qu'une seule et même plante puisse, suivant les circonstances, l'être un peu plus ou un peu moins? Nous reviendrons d'ailleurs sur ce point.

Qu'il nous suffise pour le moment de savoir qu'il n'est pas permis de dire, d'une façon générale et sans autre explication, qu'un Champignon quelconque est parasite, parce qu'on l'aura vu se développer en connexion, si intime qu'elle puisse être, avec un autre Champignon, même si des essais de culture indépendante paraissent au premier abord ne pas aboutir. Tous les jugements que l'on a portés de cette façon nous paraissent devoir être revisés.

VIII

MORTIERELLA Coemans (1).

Mortierella polycephala Coem., pl. 24, fig. 80-89.— *M. reticulata,* sp. nov., fig. 90-98. *M. candelabrum,* sp. nov., fig. 99-102.— *M. simplex,* sp. nov., fig. 103-106.

L'un des genres les moins connus de la famille des Mucori-

---

(1) Les premiers résultats de cette étude des *Mortierella* ont été déjà énoncés par nous dans une note succincte (*Comptes rendus,* 1er juillet 1872).

nées est celui dont Coemans a fait connaître une espèce en 1863 sous le nom de *Mortierella polycephala* (1).

Les filaments fructifères, rapprochés en touffes, hauts à peine de 0^{mm},250, renflés à la base, effilés au sommet, se terminent par un gros sporange à paroi lisse et totalement diffluente, et entièrement dépourvu de columelle. Sous ce premier sporange, la partie effilée du filament développe de haut en bas quelques rameaux grêles terminés par des sporanges semblables, mais plus petits. Les spores, assez petites et généralement ovales ou arrondies, ont une forme et une dimension souvent très-inégales dans le même sporange; elles n'ont pas d'exospore distincte, mais possèdent souvent un noyau très-réfringent, caractère qui manque à toutes les Mucorinées étudiées jusqu'ici. Voilà tout ce que l'on sait d'exact sur cette plante. Coemans, en effet, paraît en avoir méconnu l'appareil végétatif, le mycélium. Il figure les filaments fructifères insérés sur de très-gros tubes qui ne leur appartiennent certainement pas, et qui sont probablement les tubes mycéliens de quelque *Mucor* associé au *Mortierella*. Il admet en outre que la plante, rencontrée par lui sur un Polypore et sur un *Dædalea*, est parasite de ces grands Champignons.

Un botaniste de Vienne, M. Harz, qui a décrit récemment (2) deux espèces nouvelles de ce genre (*Mortierella crystallina* et *echinulata*), remarque judicieusement qu'il n'y a aucune continuité entre la base renflée des filaments fructifères et les tubes de *Mucor* sur lesquels on les trouve implantés; mais il tombe, selon nous, dans une erreur plus grave, quand il affirme que ces deux plantes, exemple unique parmi les Champignons, sont totalement dépourvues de mycélium et réduites à un appareil fructifère qui se développe en parasite sur les tubes mycéliens de diverses espèces de *Mucor*.

En poursuivant nos études sur les Mucorinées, nous avons rencontré, outre le *M. polycephala* de Coemans dont nous avons

---

(1) Coemans, *Quelques Hyphomycètes nouveaux* (*Bulletins de l'Académie de Belgique*, 2e série, t. XV. 1re partie, p. 536).

(2) Harz, *Einige neue Hyphomyceten* (*Bull. de la Soc. des naturalistes de Moscou*, 1871, t. XLIV, p. 145).

fait de nombreuses cultures, trois espèces nouvelles de ce genre, que nous allons tout d'abord caractériser brièvement.

L'une a ses filaments fructifères plus courts ($0^{mm},150$ environ) et moins effilés que les précédentes, et ses grandes spores, au nombre de 2 à 8, souvent de 4 dans un sporange, ont leur membrane externe épaissie en un élégant réseau: c'est le *Mortierella reticulata*. Ces grandes spores réticulées ont une dimension assez variable, mais comprise ordinairement entre $0^{mm},016$ et $0^{mm},024$. Malgré l'épaisse membrane qui les enveloppe, on y distingue souvent un gros noyau. Le tube principal porte d'ailleurs, comme dans le *M. polycephala* et les deux espèces de M. Harz, sous le sporange terminal, quelques rameaux grêles terminés par des sporanges semblables; mais ces rameaux sont ici très-courts, et, au lieu de se relever obliquement vers le ciel, ils sont ou horizontaux ou même le plus souvent rabattus vers le bas (fig. 94, *m*). Nous l'avons rencontrée spontanée d'abord sur un excrément de chien; plus tard sur de la levûre de bière étalée sur du plâtre humide dans le but d'obtenir la formation des spores endogènes; dans ce dernier cas, la plante se trouvait associée au *Dictyostelium mucoroides*.

Dans la seconde espèce, le gros sporange terminal renferme un grand nombre de spores à membrane lisse et hyaline, à protoplasma granuleux pourvu souvent d'un gros noyau très-réfringent, ordinairement sphériques ou ovales et ayant environ $0^{mm},010$ de diamètre, mais de forme et de dimension très-irrégulières dans un même sporange. Mais le filament fructifère, qui peut atteindre $0^{mm},7$ à 1 millimètre de hauteur et qui conserve encore sous le sporange une assez grande largeur, demeure parfaitement simple: c'est le *Mortierella simplex*. Après sa dissolution, la membrane du sporange laisse souvent une petite cupule adhérente autour du bouton qui termine le tube (fig. 103). On l'a rencontrée spontanée sur du terreau humide.

Dans la troisième espèce, le sporange terminal renferme encore beaucoup de petites spores arrondies, à paroi mince et lisse, fréquemment pourvues d'un noyau, plus petites que celles de l'espèce précédente, atteignant environ $0^{mm},006$, mais pouvant descendre à 0^{mm},004 et s'élever à 0^{mm},008 ou 0^{mm}010. Le filament fructifère, qui est très-longuement effilé et qui peut atteindre 1 millimètre de hauteur, est d'abord simple. Il ne tarde pas cependant à émettre, non pas sous le sporange de petits rameaux courts et grêles, mais vers sa base une ou quelques grosses branches renflées dans leur partie inférieure et progressivement effilées vers le haut, aussi puissantes que le filament principal et qui viennent, en se redressant verticalement, porter leurs sporanges au-dessus du sien. Ces branches donnent à leur tour une branche nouvelle à leur base, celle-ci une branche du quatrième ordre, et bientôt il se constitue de la sorte un candélabre à pied court où l'on peut compter une dizaine de grandes branches redressées, de génération différente, toutes dépourvues dans leur région effilée des petits rameaux grêles que possèdent d'autres espèces : c'est le *Mortierella candelabrum* (fig. 99, 100). Nous l'avons trouvé d'abord à la périphérie d'un disque de plâtre où se trouvait étalée de la levûre de bière dans une atmosphère humide, puis à diverses reprises sur des excréments.

Plusieurs caractères sont communs à toutes ces espèces. Partout la membrane des tubes fructifères est d'une limpidité et d'une transparence parfaite, entièrement dépourvue de ces granules calcaires qu'elle possède dans les Mucorinées que nous venons d'étudier ; cette membrane se colore en rose violacé par le chloro-iodure de zinc. Partout la formation des spores est précédée de l'apparition dans le protoplasma général du sporange d'autant de noyaux très-réfringents qui sont les centres de condensation des spores à venir (1). Partout la membrane lisse et hyaline du sporange est extrêmement fugace ; elle se dissout de bonne heure et complétement dans la goutte d'eau qui est sécrétée au sommet du filament au moment de la maturité, et il ne reste d'elle qu'une très-petite collerette rabattue autour de l'extrémité du tube qui est terminé par une cloison plane ou un bouton saillant ; cette collerette est un peu plus large et relevée en coupe dans le *M. simplex*. Les spores demeurent d'abord renfermées à l'inté-

____

(1) Il arrive cependant que ces noyaux manquent, ce qui n'empêche pas le protoplasma de se segmenter absolument de la même manière ; leur présence n'est donc pas nécessaire.

rieur de la goutte pour tomber ensuite et se disséminer quand
cette goutte d'eau vient à s'évaporer. Ainsi mises en liberté, ces
spores ont donc en général un noyau très-net (fig. 82, *a*); mais
plus tard ce noyau disparaît le plus souvent parce que le protoplasma qui l'enveloppe acquiert la même réfringence que lui,
et le protoplasma de la spore ne renferme plus que de petits
granules (*b*). Il reparaît de nouveau, avec un contour plus ou
moins net, pendant la germination de la spore (*c*).

Ces trois formes nouvelles, jointes au *M. polycephala* de Coemans et au *M. echinulata* de M. Harz que nous n'avons pas encore retrouvé, portent à cinq le nombre des espèces de *Mortierella*, nettement caractérisées aujourd'hui (1).

Cela posé, nous avons cultivé nos quatre espèces sur divers milieux nutritifs disposés dans des soucoupes de terre poreuse placées dans une atmosphère humide (cultures en grand). Mais
surtout nous nous sommes particulièrement appliqués à faire
des séries de semis purs dans des gouttes de liquide nutritif, décoction de crottin de cheval ou jus d'orange, disposées en cellules
sur le porte-objet du microscope, de manière à pouvoir suivre
sans interruption toutes les phases du développement de la plante.
Ces cultures en grand et ces cultures cellulaires nous ont appris
que les spores des *Mortierella* forment d'abord un mycélium
caractéristique qui constitue le système végétatif de la plante, et
que sur ce mycélium apparaissent ensuite, suivant les conditions
de milieu et suivant l'espèce que l'on étudie, plusieurs sortes
d'organes reproducteurs.

Grandes cultures. — Semées sur un substratum convenable,
un fragment d'excrément par exemple, placé au centre d'une
soucoupe de terre poreuse qui baigne dans l'eau d'une assiette
creuse couverte d'un disque de verre, les spores de toutes ces
plantes développent un mycélium puissant qui quitte bientôt le

---

(1) Le *M. crystallina* de M. Harz ne nous paraît pas suffisamment distinct du
M. polycephala de Coemans. M. Harz donne pour différences l'absence de mycélium
dans sa plante et l'égale dimension des spores à l'intérieur d'un même sporange. Mais
tous les *Mortierella* ont un mycélium, et il n'est pas rare de rencontrer dans le *M. polycephala* des sporanges dont toutes les spores sont sensiblement égales. Tous les autres
caractères nous paraissent les mêmes que ceux du *M. polycephala*.

substratum, rayonne dans l'air à la surface de la soucoupe et s'y
étale en rampant; parvenu au bord, ce mycélium blanc le fran-
chit, le dépasse et vient s'étaler et se développer à la surface de
l'eau où baigne la soucoupe. Chemin faisant, et tout aussi bien
sur l'eau que sur la terre poreuse, il se couvre de nombreuses
fructifications. Le mode de végétation rampante de ce mycélium
aérien est très-caractéristique. Un autre signe qui ne nous a
jamais trompé, c'est l'odeur alliacée particulière qu'il dégage et
qui nous a fait souvent découvrir ces plantes là où nous n'en
soupçonnions pas d'abord l'existence. On conçoit d'ailleurs combien ce mode lointain de végétation, qui dégage les *Mortierella*
de tous les mélanges où ils peuvent être contenus dans les semis
d'origine, et qui en amène les fructifications sur le bord libre
de la soucoupe ou sur l'eau, est favorable à la pureté ultérieure
des semis.

Les tubes de ce mycélium rampant sont très-grêles, mais plus
ou moins suivant la vigueur de la végétation; ils sont dichotomes
avec de longues entrefourches, et renflés à chaque dichotomie, dont
les branches s'écartent d'abord beaucoup pour redevenir ensuite
parallèles, en forme de diapason (fig. 80, *d, d'*). Ils sont dépourvus
de cloisons; le protoplasma qui les remplit est granuleux et très-
réfringent, comme s'il renfermait beaucoup de matières grasses;
il se sépare plus tard en articles discoïdes, irréguliers et brillants,
séparés par des vacuoles irrégulières; enfin il disparaît et se
trouve remplacé par un liquide hyalin. C'est alors seulement que
des cloisons nombreuses et assez régulièrement espacées se forment dans les tubes vides dont la membrane ne tarde pas d'ailleurs à se résorber complétement. La ténuité de ces filaments
mycéliens qui, dans le *M. reticulata* par exemple, contraste avec
la grosseur des spores dont ils émanent, jointe à leur rapide dis-
parition, explique les erreurs commises à leur sujet par Coemans
et par M. Harz.

Faisons remarquer tout de suite que dans ces grandes cultures
on rencontre fréquemment, tantôt associées aux sporanges des
Mortierella, tantôt entièrement isolées sur de grands espaces, de
grandes spores terminant des pédicelles dressés simples ou rami-

fiés en bouquet ; ces spores sont sphériques et ont leur membrane
épaissie et hérissée de pointes ou de tubercules. Considérés à
part et comme caractérisant une plante autonome, ces organes
reproducteurs seraient et ont été classés, non dans la famille des
Mucorinées, mais au milieu des Mucédinées, dans le genre *Sepedonium* de Link. Et de fait, l'un de ceux que nous avons observés
paraît identique avec la plante que M. Harz a décrite récemment,
sous le nom de *Sepedonium mucorinum* (*loc. cit.*, p. 110), comme
vivant en parasite sur divers *Mucor*, et qu'il a notamment rencontrée en décembre 1870 parasite sur le *Mortierella polycephala*. Mais remarquons que le mycélium qui porte ces pédicelles
sporifères a la même structure, le même mode de ramification et
de végétation, enfin la même odeur alliacée caractéristique que
celui qui porte les tubes sporangifères, et cette identité des mycéliums nous mettra sur la voie du résultat positif que les cultures
cellulaires vont nous permettre de démontrer.

Cultures cellulaires. — Ces cultures cellulaires ont été faites
le plus souvent sur des gouttes de décoction ; les *M. polycephala,
reticulata* et *candelabrum* ont en effet refusé de germer dans le
jus d'orange ou dans le liquide minéral. Seul, le *M. simplex* s'est
développé dans ce jus d'orange, et avec plus de vigueur même
que dans la décoction.

Ainsi semée en cellule, la spore ne grossit pas sensiblement
avant de produire ses tubes. On ne trouve plus ici cette nutrition
préparatoire qui caractérise les *Mucor* et tous les genres étudiés
jusqu'ici. La spore émet de suite, ordinairement en un seul point,
une protubérance qui, s'il y a une exospore épaissie comme dans
le *M. reticulata*, y détermine une ouverture circulaire par laquelle elle s'échappe. Cette protubérance se ramifie aussitôt dans
le plan tangent à la spore de manière à former un assez grand
nombre de tubes qui rayonnent dans toutes les directions autour
de l'ouverture dans ce plan tangent. Ces tubes sont très-grêles,
et ils s'étendent dans le liquide en se ramifiant peu à peu. Leur
ramification s'opère de deux façons : il y a formation, à peu de
distance du sommet, d'une branche qui prend autant de vigueur
que la première et qui la déplace un peu en formant une dicho-

tomie; mais il se développe aussi, le long de toutes ces branches principales, des rameaux courts et divisés un grand nombre de fois en forme de crampons rameux ou de pinceaux de radicelles. Après s'être étendu quelque temps dans la goutte, ce mycélium envoie dans l'air de la cellule un grand nombre de branches principales qui s'y ramifient en dichotomies, et sans porter désormais de crampons latéraux.

Il y a donc un mycélium aérien et un mycélium aquatique. Dans l'un, comme dans l'autre, on voit çà et là des branches passant au voisinage l'une de l'autre, émettre l'une vers l'autre un court rameau qui s'abouche avec son congénère et réunit les branches par une anastomose (fig. 84, 87 *a*). Cette faculté de s'anastomoser, que nous avons déjà vue apparaître chez les *Chætocladium*, se retrouvera plus loin avec une intensité plus grande ; elle et très-nettement marquée dans les *Mortierella*.

A mesure qu'ils vieillissent et se vident, les tubes mycéliens, parfaitement continus à l'origine, acquièrent des cloisons souvent très-régulièrement espacées, qui pourraient faire croire à cette époque qu'on a affaire à une Mucédinée; au niveau de ces cloisons épaisses et brillantes, la membrane vidée du tube est bordée de noir (fig. 102, *d*), ce qui tient sans doute à ce qu'elle est affaissée sur elle-même dans l'intervalle et maintenue cylindrique tout autour de chaque cloison. Enfin, plus tard encore, cette membrane et ces cloisons se résorbent entièrement et le mycélium disparaît. Cette résorption est très-prompte sur le mycélium aquatique ou plongé dans le milieu nutritif; le mycélium aérien de la cellule, ou celui qui rampe au bord de la soucoupe dans la culture en grand, est, au contraire, beaucoup plus résistant.

Doués d'un mycélium qui se développe bien et qui fructifie dans une goutte de décoction ou de jus d'orange, en l'absence de toute plante étrangère, les *Mortierella* ne sont en aucune façon parasites.

Sur ce mycélium nous avons vu se développer en cellule trois sortes d'organes reproducteurs. Les deux premiers se dressent dans l'air; ce sont : 1° les gros tubes sporangifères, et 2° de minces pédicelles terminés chacun par une seule grosse spore à

membrane épaisse et hérissée, et dont le développement atteste
qu'elle est une chlamydospore aérienne. Le troisième est intérieur
au liquide et consiste en grosses spores lisses, formées dans l'intérieur des tubes mycéliens et mises en liberté par leur résorption ;
ce sont des chlamydospores aquatiques. Le système de sporanges
existe partout, mais les deux sortes de chlamydospores semblent
se substituer l'une à l'autre suivant les espèces et suivant les conditions de milieu ; on ne les trouve généralement pas ensemble
dans une même culture cellulaire pure.

Système de sporanges. — Considérons d'abord les gros tubes
sporangifères. Ces tubes peuvent naître isolément sur les filaments
mycéliens, ce qui a lieu quand la nutrition est peu abondante ;
quelquefois même il s'en élève un directement de la spore elle-
même, et alors les autres tubes, beaucoup plus grêles, émanés
de la spore au même point ou en des points voisins, constituent
seuls le mycélium (fig. 96). Mais le plus souvent ils s'insèrent par
groupes et d'une façon remarquable (*M. polycephala, reticulata,
simplex*). En un point d'un filament mycélien aquatique ou aérien,
et de préférence aux endroits où ce filament trouve à s'appuyer
contre un obstacle solide (1), il se forme une grosse branche
latérale où s'accumule le protoplasma. Cette grosse branche,
en grandissant, se bifurque à plusieurs reprises et en des points
fort rapprochés, et elle forme ainsi une sorte de palmure dont
les branches courtes et renflées contiennent un protoplasma
sombre et homogène (fig. 90-93). Toutes les branches de cette
palmure peuvent ensuite se redresser et s'allonger directement en
tubes sporangifères effilés au sommet, mais le plus souvent un
certain nombre d'entre elles seulement se développent ainsi,
tandis que les autres se vident, se séparent par des cloisons et forment plus tard, à la base renflée des premières, des appendices
en doigt de gant ou des sortes de crampons radicaux (fig. 94).

Ce mode d'insertion d'un faisceau de gros tubes sporangifères

---

(1) C'est ce qui fait que dans les mélanges spontanés que l'on se contentait autrefois
d'observer, on trouve souvent ces faisceaux de tubes appuyés solidement à leur base sur
de gros tubes de *Mucor*, par exemple, circonstance qui a pu faire croire à leur parasitisme.

en un seul point d'un filament mycélien très-grêle est fort remarquable; mais il ne se retrouve pas ordinairement dans le *M. candelabrum*. Ici le mode de groupement des tubes principaux qui sont simples vers le haut, comme dans le *M. simplex*, est tout différent; la ramification de la première branche émanée du filament mycélien n'est plus simultanée, mais successive, ces tubes ne sont plus contemporains, mais de génération différente. La première branche insérée directement par sa large base sur le filament mycélien, se dresse directement et se termine par un gros sporange. Puis elle bourgeonne dans sa région inférieure en un point ou en deux points opposés, et les grosses protubérances se redressent, s'allongent, s'effilent et renflent leurs extrémités en sporanges; à leur tour, elles bourgeonnent de même le plus souvent en un seul point et ainsi de suite, un nombre de fois d'autant plus grand que la nutrition est plus active. Ainsi se constitue bientôt un candélabre symétrique ou unilatéral (fig. 99-101), dont chaque branche redressée et longuement effilée porte d'abord un sporange, et plus tard un amas de spores enfermées dans une goutte d'eau. S'il y a insuffisance d'aliments, le premier tube peut demeurer simple ou n'émettre qu'une seule branche.

Ces quatre espèces de *Mortierella* ne développent pas d'ailleurs leur système de sporanges avec une égale facilité en cellule; leurs exigences sous ce rapport sont différentes. C'est ainsi que les *Mortierella reticulata* et *candelabrum*, semés en cellule dans la décoction, y ont toujours développé en grande abondance leurs tubes sporangifères, tandis que les *M. polycephala* et *simplex*, dans les mêmes conditions, ne les ont jamais formés, mais ont produit seulement sur leur abondant mycélium des chlamydospores pédicellées aériennes; il en a été de même pour le *M. simplex* dans le jus d'orange où la végétation de son mycélium est cependant des plus vigoureuses.

Chlamydospores. — Ainsi, si nous semons en cellule dans une goutte de décoction quelques spores de *M. polycephala*, nous verrons la spore germer, comme on l'a dit plus haut, et produire le mycélium ordinaire. Celui-ci formé, et dès le troisième jour, il se forme le long des filaments principaux, et quelquefois à partir de la spore elle-même, des rameaux dressés, courts et grêles, au sommet desquels le protoplasma s'accumule en une grosse sphère, qui se recouvre d'une membrane épaisse garnie de pointes saillantes ; mûre, cette grosse spore échinée a la forme d'une sphère aplatie, et mesure environ $0^{mm},020$ de diamètre. Après la résorption du mycélium aquatique, ces spores demeurent fixées au sommet de leurs pédicelles dressés qui persistent en équilibre (fig. 83).

Quand la nutrition est plus abondante, ces pédicelles se renflent d'abord, puis il part du renflement un certain nombre de branches en ombelle, qui se terminent chacune par une grosse spore échinée (fig. 85). Quand la vigueur est encore plus grande, ces renflements de second ordre, au lieu de former les spores, produisent eux-mêmes des rameaux de troisième ordre qui se terminent par les spores. Mais il peut aussi ne partir du premier renflement intermédiaire qu'un seul pédicelle terminé par une spore, les autres branches avortant et demeurant à l'état de très-courts doigts de gant. Aussi trouve-t-on assez fréquemment des rameaux dressés simples terminés par une seule spore, et portant vers leur milieu ou vers leur base un renflement assez irrégulier (fig. 84, *a*, *b*).

Qu'est-ce maintenant que ces spores terminales isolées ou groupées? Sont-ce des spores acrogènes, comme les grosses spores sphériques des *Monosporium*, surtout du *Monosporium sepedonioides* et autres espèces à spores échinées, à qui elles ressemblent tant? Non, elles sont formées par l'accumulation et la condensation du protoplasma à l'intérieur même du tube dressé, et la masse sphérique ainsi produite s'entoure d'une épaisse membrane échinée en dedans de la membrane propre du tube qui se dilate à mesure, et finalement se résorbe : ce sont, en un mot, des *chlamydospores*.

Quand la spore se forme à l'extrémité même du tube, la chose peut paraître douteuse. Mais assez souvent le renflement a lieu à quelque distance du sommet, et la spore porte alors vers le haut, ou rejetée latéralement, une sorte de doigt de gant vide, formé par la portion terminale du rameau, et qui plus tard disparaît. Dans ce cas, le doute n'est plus possible, et la chose est quelquefois plus nette encore. Il arrive fréquemment, en effet, qu'après que le tube s'est renflé au sommet et y a produit, comme nous l'avons dit plus haut, un bouquet de petits tubes destinés à porter plus haut autant de spores terminales, tous ces tubes s'arrêtent dans leur développement ; le renflement qui les porte s'accroît en revanche, s'arrondit et se revêt peu à peu de tubercules. Ainsi, au lieu de plusieurs spores échinées aux extrémités des rameaux, il ne s'en forme qu'une seule à leur base commune. Cette spore unique porte donc, dans son jeune âge, un certain nombre de longues pointes, qui sont autant de petits tubes en doigt de gant qui se vident d'abord, puis disparaissent (fig. 87). Les bouts de tous ces tubes sont évidemment reliés à la surface de la spore par une membrane commune, qui est la membrane propre du tube mycélien ; cette membrane commune disparaît plus tard en même temps que les tubes, ou, tout au moins, devient méconnaissable.

Parfois ces chlamydospores terminales se développent aussi sur des pédicelles simples ou rameux couchés dans le liquide ou qui s'y sont rabattus ; elles sont alors lisses, ou du moins leurs tubercules sont beaucoup moins nets et moins saillants.

Enfin, si l'on fait germer la spore du *M. polycephala* dans l'eau ordinaire, elle développe quelques tubes grêles qui se vident et se cloisonnent de bonne heure, tandis que le protoplasma se condense en certains points pour former des chlamydospores mycéliennes terminales ou intercalaires qui ne sont pas beaucoup plus grandes que la spore primitive (fig. 88 et 89).

Ainsi, selon les circonstances, le *M. polycephala* donne deux espèces de chlamydospores.

Dans le *M. simplex*, ces chlamydospores aériennes, au lieu de pointes, ont leur membrane hérissée de gros tubercules coniques ; elles sont complétement sphériques, atteignent environ $0^{mm},016$, et sont portées sur des rameaux dressés plus longs (fig. 105). A l'intérieur du liquide, le protoplasma s'accumule çà

et là dans les rameaux divisés des crampons radiciformes, et y
produit des chlamydospores à membrane lisse et dont le contenu
est partagé en grains de forme et de dimension assez régulières :
on dirait un sporange (fig. 106). Mais la simple pression du verre
à couvrir fait fondre tous ces grains l'un dans l'autre, et rend
le contenu homogène ; ce ne sont donc que des corpuscules grais-
seux. Aussi bien sur le jus d'orange que sur la décoction, le
M. simplex ne nous a donné que des chlamydospores de ces deux
espèces, sans sporanges.

Semées de nouveau en cellule, ces chlamydospores échinées
des *Mortierella polycephala* et *simplex* germent immédiatement,
et à la manière des spores sporangiales, par exemple des spores
à exospore épaissie du *M. reticulata*. C'est-à-dire qu'une protubérance de la couche membraneuse interne détermine un trou
rond dans l'exospore, puis se ramifie dans un plan tout autour
de ce trou en donnant de nombreuses branches rayonnantes. Ces
branches s'étendent dans le liquide et donnent un mycélium
d'abord aquatique, puis aérien et dichotome, en tout semblable
à celui que développe la spore sporangiale. Puis, si les conditions
de milieu sont les mêmes, ce mycélium ne produit encore que
des pédicelles grêles, dressés, simples ou rameux, terminés par
de semblables chlamydospores. Ainsi, sous cette forme chlamy-
dosporée, la plante peut se reproduire et végéter très-vigoureu-
sement en cellule pendant de nombreuses générations.

Il en est de même d'ailleurs dans les grandes cultures, où les
Mortierella se présentent très-souvent sous cette forme sur de
grandes surfaces, et même exclusivement. Quand on rencontrait
la plante en cet état, on la regardait comme un Champignon
autonome, et, comme l'a fait tout dernièrement M. Harz, on la
déterminait pour un *Sepedonium* ; mais cette détermination
suppose qu'on ait fait abstraction totale du mycélium qui porte
ces spores échinées. Le mycélium de ces prétendus *Sepedonium*
a en effet, non-seulement tous les caractères généraux d'un
mycélium de Mucorinée, mais encore tous les caractères parti-
culiers d'un mycélium de *Mortierella*.

Ce qu'il est nécessaire de bien remarquer en effet, c'est que le système végétatif de la plante, son mycélium, qu'il produise dans l'air des sporanges ou seulement des chlamydospores pédicellées, demeure toujours identique avec lui-même. Il y a polymorphisme dans les organes reproducteurs, non dans l'appareil végétatif. Cette remarque est importante.

Mais si l'on sème ces chlamydospores sur un milieu plus nutritif, le mycélium produit développe au contraire, comme celui qui émane des spores sporangiales dans les mêmes conditions, soit des gros tubes sporangifères seuls, soit en certains points de gros tubes sporangifères, en d'autres des rameaux grêles à chlamydospores échinées. Il nous a du reste paru constamment que le mycélium, quand il produit les sporanges, est beaucoup plus grêle et plus fugace, et qu'il est plus vigoureux au contraire plus épais et plus persistant, quand il ne développe que des chlamydospores.

En cellule, sur décoction, les spores sporangiales du *M. reticulata* donnent, contrairement aux deux espèces précédentes, un mycélium qui développe des tubes sporangifères en abondance (fig. 94), mais qui ne produit pas de chlamydospores aériennes et pédicellées. En revanche, il développe çà et là sur le trajet même de ses filaments horizontaux, dans le liquide, des chlamydospores mycéliennes. Ce sont le plus souvent de grandes spores sphériques lisses, pleines d'un protoplasma sombre et homogène, atteignant ordinairement $0^{mm},025$. Elles se développent isolément tantôt au sommet même des branches, tantôt au voisinage du sommet, et, dans ce dernier cas, elles portent un appendice en doigt de gant, en général rejeté latéralement (fig. 98). On voit aussi çà et là d'autres chlamydospores beaucoup plus petites, intercalaires, ovales et tronquées aux deux bouts. Enfin, dans les grandes cultures du *M. reticulata*, nous avons rencontré côte à côte avec des tubes sporangifères, mais surtout dans les points où le mycélium rampant est le plus fourni et le plus vigoureux, des chlamydospores aériennes à pédicelles simples ou rameux, qui sont le prétendu *Sepedonium* de ce *Mortierella*. Ces spores, parfaitement sphériques, isolées ou groupées, sont hérissées de pointes, et elles atteignent jusqu'à

$0^{mm},036$ et $0^{mm},040$ (fig. 97). Ainsi, comme les *M. polycephala* et *simplex*, le *M. reticulata* développe, outre les sporanges, deux espèces de chlamydospores : les unes aquatiques et sessiles, les autres aériennes et pédicellées, avec des transitions entre les deux.

Le *M. candelabrum*, en cellule sur décoction, donne aussi naissance à des systèmes de sporanges bien développés, sans produire de chlamydospores aériennes; mais il développe en même temps dans le liquide, le long de ses tubes mycéliens, des chlamydospores sessiles de forme assez variable. Tantôt elles se forment sur le trajet des filaments, sont très-grandes, ovales allongées, tronquées aux deux bouts, et peuvent atteindre $0^{mm},040$ de longueur, c'est-à dire six ou sept fois le diamètre moyen des spores du sporange; tantôt elles sont sphériques, et se développent comme des excroissances latérales sur les filaments, comme celles du *M. reticulata* (fig. 102). Nous n'avons pas jusqu'à présent, dans les grandes cultures de ce *Mortierella candelabrum*, rencontré avec certitude ses chlamydospores aériennes pédicellées, son prétendu *Sepedonium*; mais nous croyons pouvoir lui attribuer à ce titre des spores de même taille que celles du *M. polycephala*, mais exactement sphériques, et munies de pointes plus longues et plus fines, que nous avons plusieurs fois trouvées à ses côtés sans pouvoir mettre en évidence le lien qui les unit à lui.

En résumé, les quatre *Mortierella* que nous avons étudiés ont développé, dans les cultures en grand et les cultures cellulaires, trois organes reproducteurs asexués : 1° un système de sporanges, 2° des chlamydospores pédicellées, aériennes et échinées, 3° des chlamydospores sessiles, aquatiques et lisses. Cette seconde forme de chlamydospores correspond à celle que l'on rencontre dans beaucoup d'espèces de *Mucor*, notamment dans le *M. bifidus*, mais quelque chose d'analogue à la première n'a été rencontré jusqu'ici chez les Mucorinées que dans le *Pilobolus crystallinus*.

Nous n'avons pas été assez heureux jusqu'à présent pour rencontrer l'appareil sexué, les zygospores de ces plantes.

IX

PIPTOCEPHALIS, De Bary et Wor.

Piptocephalis repens, sp. nov., pl. 25, fig. 107-109.— *Piptocephalis arrhiza*, sp. nov., fig. 110-111.

Signalé d'abord en 1864 par M. Fresenius (1), rencontré ensuite par MM. de Bary et Woronine qui l'ont figuré et nommé, mais n'ont pu le cultiver (2), le *Piptocephalis Freseniana* a été dernièrement étudié avec soin et cultivé par M. Brefeld, qui a eu l'heureuse fortune d'en trouver les zygospores, et qui a pu ainsi donner la preuve de l'autonomie de cette plante et en fixer la place dans la famille des Mucorinées (3).

Ce point établi, M. Brefeld admet comme MM. Fresenius, de Bary et Woronine, que les corps reproducteurs que produit l'appareil fructifère dichotome du *Piptocephalis*, sont des spores exogènes, des conidies, disposées en chapelet au sommet de basides qui terminent les dernières branches des dichotomies. Ce botaniste reconnaît bien, il est vrai, que ces chapelets se forment tout autrement que ceux des *Penicillium* ou des *Aspergillus*. Ce sont d'abord des rameaux continus cylindriques qui, ayant atteint leur longueur, se divisent, par des cloisons transversales simultanées, en autant d'articles qui se détachent et constituent les spores de la plante. Mais il n'est pas moins vrai que ces spores auraient ainsi une tout autre origine que celles des Mucorinées ordinaires. Et comme M. Brefeld reconnaît aux corps reproducteurs isolés du *Chœtocladium* la même origine et le même mode de formation, il est conduit à séparer ces deux genres de toutes les autres Mucorinées et à les réunir en un groupe à part. Dès lors ces deux groupes n'ayant plus en commun que ce seul caractère d'avoir des zygospores, M. Brefeld donne à la famille entière le nom de *Zygomycètes*.

Il y a donc, suivant lui, des Zygomycètes à sporange com-

<hr>

(1) *Botanische Zeitung*, 1864, p. 154.
(2) *Beiträge*, 2ᵉ série, 1866, p. 23-24.
(3) *Botanische Untersuchungen über Schimmelpilze*, p. 41. Août 1872.

prenant les seuls genres *Mucor* et *Pilobolus*, et des Zygomycètes à conidies comprenant deux autres genres : *Chætocladium*
et *Piptocephalis*. En ce qui concerne le *Chætocladium*, nous
savons déjà à quoi nous en tenir sur ce sujet, et nous allons montrer ici que l'observation conduit à repousser tout aussi bien
pour le *Piptocephalis* cette origine exogène des spores.

Un autre résultat intéressant du travail de M. Brefeld est la
démonstration du parasitisme du *Piptocephalis*. L'auteur le déduit de deux arguments, l'un négatif, l'autre positif. La preuve
négative c'est que, si l'on isole les spores du *Piptocephalis*, elles
commencent bien à germer, mais le mycélium s'arrête bientôt
dans son développement et meurt sans fructifier ; tous les essais
de cultures sur porte-objet en partant de semis purs ont échoué.
La preuve positive, c'est que, si on les sème en compagnie d'un
Mucor ou d'une Mucorinée quelconque, les jeunes tubes mycéliens du *Piptocephalis* s'attachent à ceux du *Mucor*, et font pénétrer dans l'intérieur, au point de contact, des filaments extrêmement fins ; la plante fructifie alors en abondance. On va voir
jusqu'à quel point nos cultures nous ont permis de vérifier ces
deux assertions, et si la conclusion de M. Brefeld peut subsister
tout entière.

Nous avons étudié et longuement cultivé deux espèces distinctes de *Piptocephalis ;* nous les croyons toutes deux différentes
du *P. Freseniana* qui ne s'est pas présenté à nous jusqu'ici, au
moins tel qu'il a été décrit et figuré par les auteurs qui nous ont
précédés. Nous allons d'abord caractériser brièvement nos deux
espèces.

Piptocephalis repens. — Dans la première, le mycélium émet
tout autour du substratum où il végète, de longs filaments dichotomes qui rampent sur les surfaces voisines, sur les bords de la
soucoupe, sur la paroi interne de la cloche, sur l'eau de l'assiette
où baigne la soucoupe et qui s'étendent ainsi à de grandes distances en se redressant çà et là pour fructifier abondamment. La
plante affecte ainsi le mode de végétation du *Rhizopus nigricans*,
ou mieux celui des *Mortierella*. Au point où la branche, jus

. que-là rampante, se redresse tout à coup dans l'air, elle se dichotomise deux fois en des points rapprochés. A la première dichotomie, l'une des branches demeure courte, et, se dichotomisant
aussitôt un grand nombre de fois, elle forme un pinceau de crampons radicellaires qui, s'appliquant contre le support solide, fournit à sa congénère un solide point d'appui. A la deuxième dichotomie qui succède bientôt à la première et se fait dans un plan
perpendiculaire, l'une des branches tantôt demeure courte et
dressée et se termine en pointe simple, tantôt se dirige vers le
bas et se dichotomise comme la précédente pour augmenter la
puissance du crampon (fig. 107). L'autre branche, continuant la
direction verticale du tronc primitif, se dresse dans l'air, atteint
une certaine longueur sans se diviser, puis subit une série de
dichotomies répétées dans des plans rectangulaires; les branches y sont de plus en plus courtes, et les dernières se renflent
en têtes piriformes mamelonnées. Ces têtes se séparent de la
branche par une cloison, elles s'en détachent et tombent très-
facilement sous la moindre influence à la maturité; c'est de
cette caducité des têtes que l'on a tiré le nom générique de la
plante. Sur chaque mamelon, la tête porte d'abord un rameau
cylindrique; plus tard chacun de ces rameaux forme dans son
intérieur une chaînette de spores; puis le tout est enveloppé
par une goutte d'eau sécrétée au sommet, goutte à l'intérieur
de laquelle les spores s'isolent entre elles et de la tête, en attendant que la moindre agitation ou que l'évaporation de l'eau
dissémine le tout.

L'ensemble de cet appareil aérien a un port étalé et roide que
l'autre espèce ne possède pas. Les dernières branches dichotomes
qui portent les têtes divergent à angle droit et se terminent par des
bouts carrés (fig. 108). D'abord incolore, comme les tubes rampants, l'ensemble des tubes aériens, y compris les spores, ne tarde
pas à jaunir, et la matière colorante se localise d'une façon remarquable sur la membrane; elle y forme des bandes longitudinales
étroites et parallèles, séparées par des bandes blanches saillantes,
ce qui donne aux tubes un aspect cannelé caractéristique; les bandes jaunes sont en outre granuleuses, les autres lisses. Ces canne-

lures ne se produisent pas sur les gros filaments rampants qui se · colorent à peine. Par les progrès de l'âge, cet ensemble de tubes aériens, d'abord parfaitement continu, sauf les cloisons qui séparent chaque tête du rameau qui la porte, acquiert un grand nombre de cloisons régulièrement espacées; il y en a une notamment à la base de chaque branche dichotome. Les spores cylindriques, de longueur assez inégale, ont une largeur assez constante, comprise entre $0^{mm},003$ et $0^{mm},004$ (fig. 109).

Nous devons la première communication de cette plante à l'obligeance de M. M. Cornu, qui l'a rencontrée sur le crottin de cheval. Nous l'avons bien des fois, dans la suite, retrouvée sur ce même milieu; elle paraît commune. En raison de son mode de végétation, nous l'appelons *Piptocephalis repens*.

Piptocephalis arrhiza. — Notre seconde espèce a un mode de végétation, une couleur et un port différents. Elle ne quitte pas son substratum nourricier; son mycélium n'émet pas de stolons rampants et ses tubes fructifères sont dépourvus de crampons radicaux. C'est un tube mycélien très-grêle qui se relève directement dans l'air en s'élargissant progressivement pour former le tronc principal de l'appareil fructifère. Dans ce dernier, le tronc commun et les branches des premières dichotomies sont plus allongés, mais surtout toutes les branches sont plus flasques, et, sous le verre à couvrir, elles se reploient et se recouvrent les unes les autres. C'est sans doute ce rapprochement de toutes les têtes qui donne à la plante l'aspect farineux, d'abord blanc, puis rosé, qui, dans les mélanges, la distingue aussitôt de l'espèce précédente.

Les derniers rameaux dichotomes qui portent les têtes sont arrondis en doigt de gant, extrêmement courts et en contact l'un avec l'autre, de façon que l'avant-dernière branche a l'air d'un doigt de gant bilobé (fig. 110). La couleur que prennent les filaments n'est plus jaune, mais rose brun; la matière colorante et les granules qui l'accompagnent y sont disposées encore, à la surface de la membrane, sur des bandes longitudinales séparées par des bandes incolores; mais les bandes colorées et granuleuses sont larges et les bandes blanches et lisses extrêmement étroites ; de sorte que cela ne produit plus l'effet de cannelures, mais seulement de fines stries blanches sur un fond brun rosé. Enfin, les spores, plus grosses que les précédentes et un peu plus courtes, ont en général de $0^{mm},004$ à $0^{mm},005$ de diamètre transversal (fig. 111). Nous appelons cette espèce *Piptocephalis arrhiza;* nous l'avons rencontrée sur du crottin de cheval, mélangée au *M. Mucedo,* au *Chætocladium,* etc.

Cette seconde espèce est celle des deux qui, par l'absence de cramponset la couleur, paraît ressembler le plus au *P. Freseniana;* mais c'est aussi celle qui s'en éloigne le plus par le diamètre transversal de ses spores ; ce diamètre, chez le *P. Freseniana,* est en effet, d'après MM. de Bary et Woronine, compris entre $0^{mm},0026$ et $0^{mm},0033$, et, d'après M. Brefeld, entre $0^{mm},0018$ et $0^{mm},0023$.

Nous pensons donc qu'aucune de nos deux plantes ne peut être identifiée au *Piptocephalis Freseniana,* que nous n'avons pas rencontré jusqu'ici.

Dans les grandes cultures sur crottin de cheval, où le *Piptocephalis* est toujours mélangé de *Mucor* divers, de *Chætocladium,* etc., il développe souvent un mycélium aérien qui enlace les filaments fructifères de *Mucor* et de *Chætocladium.* Ce mycélium est formé de tubes très-grêles, non cloisonnés, rameux, çà et là anastomosés entre eux, remplis d'un protoplasma chagriné ; il a en un mot un aspect analogue à celui des *Mortierella,* très-différent de celui du *Chætocladium* et des *Mucor.* Ces tubes viennent ramper sur les filaments fructifères des *Mucor;* çà et là ils s'y fixent en se renflant. De ce renflement noueux intimement appliqué contre la surface du tube de *Mucor,* part un pinceau de filaments blancs extrêmement ténus, qui pénètrent dans le tube, y divergent et relèvent leurs extrémités en crochet, sans se prolonger à l'intérieur (fig. 117). Il est donc bien certain que le mycélium du *Piptocephalis* s'établit sur les tubes du *Mucor* et contracte avec eux, par un procédé différent, une union tout aussi intime que les filaments du *Chætocladium.* Il peut vivre en parasite aux dépens du *Mucor.* Ainsi attaqué, le *Mucor* ne fructifie pas, ou ses fructifications se transforment. Si, comme dans le *M. bifidus,* les tubes ont normalement une tendance à se ra-

nifier à plusieurs reprises sous les sporanges successifs, toutes
ces ramifications peuvent s'opérer en même temps en des points
rapprochés, de manière à former un corymbe, et affecter tout
à fait la forme que M. Harz a décrite comme une espèce distincte sous le nom de *M. corymbosus* (*loc. cit.*, pl. V, fig. 1).

Les cultures cellulaires sur goutte de décoction, où l'on sème
en même temps quelques spores de *Piptocephalis* et quelques
spores de *Mucor*, permettent de constater le même fait. La spore
cylindrique de *Piptocephalis* se gonfle d'abord latéralement, de
manière à prendre d'abord la forme d'un losange, puis celle
d'une sphère dont les pôles demeurent quelque temps marqués
par les extrémités saillantes du bâtonnet primitif, qui s'effacent
ensuite peu à peu. Ainsi gonflée, la spore émet enfin ordinairement un tube de chaque côté, ou même une série de tubes
rayonnants sur son équateur, de façon à paraître étoilée. Puis
ces tubes grêles et un peu onduleux s'allongent et se ramifient
çà et là. Pendant ce temps, le *Mucor* a pris l'avance, et ses
gros tubes se répandent dans toute la goutte. Là maintenant où un tube de *Piptocephalis* vient heurter un tube de
Mucor, il s'y attache, s'y renfle et fait pénétrer dans l'intérieur
une touffe de filaments blancs extrêmement ténus, tandis que de
la nodosité émanent plusieurs tubes mycéliens qui divergent
dans toutes les directions. Nous n'avons pas vu le tube de *Mucor*
bourgeonner autour du point de contact et y former un tubercule. Sauf cette circonstance, qui tient sans doute à ce que l'allongement de nos tubes de *Mucor* était terminé au moment où
le *Piptocephalis* les a attaqués, nous pouvons donc confirmer
sur ce point la description donnée par M. Brefeld pour le *Piptocephalis Freseniana*. Après quatre jours, certaines branches mycéliennes de *Piptocephalis*, qui se sont allongées en rayonnant
jusqu'au bord de la goutte, se redressent dans l'air, se dichotomisent une ou deux fois et portent sur leurs têtes terminales un
certain nombre de courtes baguettes qui ne produisent chacune que deux ou trois spores; chaque tête est d'ailleurs enveloppée par une goutte d'eau qui retient les spores après leur
mise en liberté. Ces premières fructifications développées ne

cellule n'ont, pas plus chez le *Piptocephalis repens* que chez le *P. arrhiza*, de crampons radiciformes ; mais nous savons que les premiers filaments sporangifères du *Rhizopus*, tels qu'ils apparaissent dans les cultures cellulaires, sont dépourvus aussi du pinceau de radicelles que possède la plante adulte.

Ainsi mélangé au *Mucor*, le *Piptocephalis* se développe et fructifie en cellules et en même temps il se fixe sur le *Mucor*, de la même manière que dans les grandes cultures. On paraît donc fondé à croire qu'il est véritablement parasite. C'est aussi l'avis de M. Brefeld ; il en tire la preuve de l'insuccès constant de ses tentatives pour obtenir le développement du *Piptocephalis* pur. Nous n'avons pas été plus heureux ; les nombreux semis de *Piptocephalis* pur que nous avons préparés en cellule sur décoction ont échoué, mais à des degrés très-différents : tantôt les spores ne germaient pas du tout, ce qui évidemment ne prouve rien ; le plus souvent elles ne donnaient que des tubes ayant trois ou quatre fois le diamètre de la spore, ce qui ne prouve pas davantage ; enfin quelquefois nous avons eu un mycélium un peu plus développé, mais s'arrêtant bientôt. Ces échecs ne nous paraissent pas cependant démontrer autre chose, si ce n'est que le *Piptocephalis* est beaucoup plus difficile à cultiver sur le porte-objet que la plupart des autres Mucorinées. Ils sont du reste très-fréquents aussi avec les semis mélangés de *Mucor*, et ces semis ne donnent souvent que du *Mucor* pur sans *Piptocephalis*.

Nous ne croyons donc pas, jusqu'à preuve nouvelle, pouvoir admettre que les *Piptocephalis* soient véritablement et nécessairement parasites. Ils peuvent vivre en parasites aux dépens des autres Mucorinées ; cela est incontestable, et c'est un des points les plus intéressants du travail de M. Brefeld d'avoir démêlé comment a lieu ce parasitisme ; mais ce parasitisme nous paraît, comme celui du *Chœtocladium*, facultatif, avantageux sans doute, mais non nécessaire.

Ce qui nous porte à le croire, en attendant une preuve directe que nous ne possédons pas encore, c'est que dans un genre très-voisin du *Piptocephalis*, et que nous allons faire connaître tout à l'heure, les choses se passent certainement de cette manière. La plante s'attache aux Mucorinées et vit sur elles en parasite, mais elle peut aussi se développer et fructifier en dehors de l'influence de toute plante hospitalière.

Examinons maintenant d'un peu plus près le mode de formation des spores.

On sait que chacun des renflements en tête qui terminent les dernières branches des dichotomies bourgeonne à son sommet et développe un certain nombre de rameaux divergents allongés en forme de baguettes. Puis la tête se sépare de la branche par une cloison, et chaque rameau s'isole de la tête par une autre cloison. Ces rameaux allongés sont autant de sporanges. Le protoplasma granuleux condensé à l'intérieur de chacun d'eux se partage simultanément en un certain nombre de fragments cylindriques disposés bout à bout et un peu renflés en leur milieu; la membrane propre du sporange n'est bien visible qu'au voisinage du cercle de contact des spores successives, mais avec un fort grossissement et l'immersion on la distingue nettement. Bientôt d'ailleurs elle se résorbe complétement, et la goutte d'eau sécrétée à ce moment autour de chaque tête et de son faisceau de sporanges joue peut-être ici un rôle dissolvant. Les spores sont libres alors, et demeurent d'abord unies en chapelet, soit à cause de la pression qu'elles ont exercée l'une sur l'autre pendant leur formation, soit plutôt par l'intermédiaire d'une petite couche de matière mucilagineuse incolore, comme celle qui existe entre les spores dans les sporanges globuleux des autres Mucorinées; elles ne se touchent pas directement en effet dans le chapelet dont elles font partie. Cette matière interstitielle se dissout bientôt dans l'eau de la goutte, et les spores s'isolent et tombent en même temps que la tête qui les porte.

Tel est, croyons-nous, le véritable mode de formation des spores du *Piptocephalis*. Il y a un sporange filiforme, dont la membrane propre, souvent incrustée de très-petits granules calcaires, est d'abord étroitement appliquée contre les spores cylindriques, puis très-fugace, et pour ces deux raisons, difficile à bien voir, pas plus difficile cependant qu'elle ne l'est, par exemple, dans le sporange globuleux du *Mortierella reticulata* ou dans les chapelets de chlamydospores mycéliennes de certaines espèces de *Mucor*, mais dont la présence est aussi incontestable qu'elle l'est dans ces deux derniers cas.

Ce n'est pas ainsi que M. Fresenius, MM. de Bary et Woronine, et M. Brefeld ont vu et compris les choses. Pour ces auteurs, les baguettes se découpent simplement par des cloisons que M. Brefeld a vues apparaître simultanément en autant d'articles qui se détachent ensuite et qui sont des conidies. M. Brefeld s'appuie sur ce mode de formation des spores, unique non-seulement dans la famille des Mucorinées, mais dans toute la classe des Champignons, pour séparer le *Piptocephalis* de toutes les autres Mucorinées et en faire un groupe à part à côté du *Chætocladium*.

Pour nous, les *Piptocephalis* forment leurs spores à l'intérieur d'un sporange comme toutes les autres Mucorinées, y compris les *Chætocladium*, et ce caractère, étant commun à toutes les Mucorinées actuellement connues, doit entrer dans la caractéristique générale de la famille au même titre que celui de produire une oospore par voie de fécondation égale. Le premier caractère doit même, dans l'état actuel de la science, primer le second, puisque ces oospores sont encore inconnues dans un grand nombre de genres. Notre expression « Mucorinées » a donc la même valeur ; elle est aussi compréhensive que l'expression « Zygomycètes » proposée par M. Brefeld, et, à l'avantage d'être vulgaire, elle joint celui d'être actuellement plus scientifique. Nous la préférons donc.

Mais si les *Piptocephalis* ont des sporanges, ce sont des sporanges cylindriques et groupés sur une tête commune intermédiaire entre eux et le tube fructifère ; cette forme et cette disposition des sporanges leur assignent une place à part dans la famille. Cette place à part leur est donnée aussi par le remarquable mode de formation de la zygospore telle que M. Brefeld nous l'a fait connaître, et qui, par la courbure en mors de pince des cellules copulatrices tout au moins. ressemble plus à celles du *Phycomyces* qu'à celles actuellement connues des autres Mucorinées.

Mais ce n'est pas à côté des *Chætocladium* qu'il faut placer les *Piptocephalis*, tant s'en faut. Leur mycélium, par ses filaments très-grêles et anastomosés, et par son mode de végétation, se rapproche plus des *Mortierella* que de toute autre Mucorinée, tandis que celui des *Chætocladium* ressemble beaucoup plus à celui des *Mucor*. Le rapprochement du *Chætocladium* et du *Piptocephalis* opéré par M. Brefeld nous paraît donc aussi peu naturel que possible.

On trouvera peut-être que ces remarques ont quelque importance au point de vue de la caractérisation générale de la famille, et l'on nous excusera d'y avoir autant insisté. Elles ressortiront d'ailleurs avec une plus grande clarté de l'étude du genre nouveau, voisin des *Piptocephalis*, que nous allons maintenant faire connaître.

X

SYNCEPHALIS, gen. nov.

Syncephalis cordata, pl. 25, fig. 112-119. — *Syncephalis asymmetrica*, fig. 120-121. — *Syncephalis depressa*, fig. 122-123. — *Syncephalis cornu*, fig. 124-125. — *Syncephalis minima*, fig. 126-128.

Les *Syncephalis* sont aux *Piptocephalis* quelque chose comme ce que sont les *Mucor* au *Sporodinia*. Les sporanges ont, en effet, même forme et même structure, mais le tube fructifère est simple au lieu d'être plusieurs fois dichotome.

Ce tube simple est renflé à sa base et inséré sur une sorte de palmure formée de tubes courts et gros, dichotomes, disposés circulairement autour du pied de manière à constituer un disque de crampons par où le tube est solidement fixé et soutenu sur le support. Il s'atténue progressivement vers le haut, puis se renfle de nouveau au sommet en forme de massue. Sur la calotte supérieure de ce renflement s'insèrent côte à côte un grand nombre de petites cellules ou têtes dont la forme varie suivant les espèces, et qui portent chacune sur sa face supérieure plusieurs rameaux allongés en baguettes. Toutes ces baguettes rapprochées sans se toucher couvrent le haut du renflement terminal d'une sorte de chevelure hérissée ; les baguettes insérées sur le bord de la calotte se dirigent d'abord suivant le rayon de la sphère, mais elles se coudent bientôt vers le haut et reprennent la direction verticale ; de sorte que le faisceau de tubes est à peu près cylindrique.

Chacune de ces baguettes allongées est un sporange pareil à celui des *Piptocephalis* ; il s'y développe un chapelet de spores plus ou moins cylindriques, qui sont ensuite mises en liberté par la résorption précoce de la membrane commune du sporange. Toutes ces petites têtes amassées côte à côte sur le renflement, et les chapelets de spores qu'elles portent, demeurent alors retenus en place au sommet du tube dans une goutte d'eau, comme dans les *Mortierella* et les *Piptocephalis*. Couronné par sa goutte d'eau et solidement équilibré sur son disque radical, le tube fructifère peut demeurer dans cet état pendant plusieurs mois dans une atmosphère humide, quand le mycélium qui le porte a depuis longtemps et totalement disparu. Il en est de même d'ailleurs des *Mortierella*. Mais à la moindre agitation ou dessiccation, tout tombe, spores et têtes, et le tube fructifère demeure en place avec son sommet chauve et hérissé seulement de petits mamelons qui indiquent les insertions des têtes tombées.

Il y a, comme on le voit par ces caractères, une réelle analogie d'aspect extérieur entre cet appareil reproducteur et celui des *Aspergillus*, mais cette analogie est toute superficielle. Une fois le filament dépouillé de sa chevelure, il serait cependant assez facile de le confondre avec un tube également dépouillé d'*Aspergillus*.

Chaque petite tête, qui porte plusieurs baguettes sur les petits mamelons de sa surface supérieure, correspond évidemment à la tête qui, dans les *Piptocephalis*, termine chaque dernière branche de la dichotomie ; ces têtes sont caduques comme celles des *Piptocephalis*. La différence est que ces têtes, au lieu d'être portées isolément au sommet des branches d'un tube dichotome, sont toutes réunies côte à côte au sommet élargi d'un tube simple. C'est à la fois l'existence des têtes sporangifères, c'est-à-dire l'analogie avec les *Piptocephalis*, et la réunion des têtes sur le même renflement, c'est-à-dire la différence des deux genres, que nous avons essayé de marquer en donnant à ces plantes le nom de *Syncephalis*.

Nous connaissons aujourd'hui cinq espèces bien distinctes de *Syncephalis*, toutes rencontrées sur le fumier de cheval, possédant en commun tous les caractères que nous venons de signaler, mais qui diffèrent par la dimension, la forme et la couleur des tubes fructifères, par la forme des têtes et le nombre des sporanges qu'elles portent, enfin par la forme et la dimension des spores. Nous allons d'abord les caractériser brièvement.

Syncephalis cordata (pl. 29, fig. 113-117). — C'est la plus grande espèce. Le tube fructifère, y compris ses crampons radiciformes dichotomes, est d'un jaune serin dans le jeune âge, couleur qui appartient au protoplasma lui-même et non à la membrane, et que les sporanges et les spores prennent aussi. Plus tard le protoplasma disparaît et le tube se décolore; il subsiste cependant sous la calotte terminale une masse protoplasmique brune; les têtes et les chapelets de spores prennent finalement la même couleur jaune brun ou brun chocolat.

Ce tube, dressé sur son disque de crampons, atteint environ 3 millim. de hauteur. Les petites têtes vues de face sont triangulaires, un peu échancrées en cœur sur le côté opposé à la pointe d'insertion. Chacune d'elles porte sur ses deux mamelons, d'abord deux baguettes qui divergent en forme de V, et plus tard deux chapelets qui peuvent comprendre chacun une dizaine de spores. Ces spores, de couleur jaune, ont la forme d'un cylindre renflé au milieu en tonneau; très-régulières de forme et de dimension, elles ont ordinairement $0^{mm},008$ à $0^{mm},010$ de longueur, et $0^{mm},006$ de largeur. A maturité complète, leur membrane présente à l'extérieur des rides transversales ondulées. Les chapelets de spores jeunes se détachent souvent deux par deux avec la tête qui réunit leurs bases. C'est ainsi que la ramification dichotomique des *Piptocephalis*, absente ici dans le filament fructifère lui-même, se retrouve à sa base dans les crampons, et à son sommet dans les têtes sporangifères. Les crampons, d'abord continus, présentent plus tard, en se vidant, de nombreuses cloisons, mais le tube fructifère lui-même en est presque toujours dépourvu. Après la chute des têtes, son sommet demeure hérissé de petites verrues qui marquent les points d'insertion de ces têtes. Le nom spécifique *Syncephalis cordata* est tiré de la forme échancrée en cœur de la tête.

Syncephalis asymmetrica (fig. 120-121). — Par sa couleur jaune clair, puis brunâtre, cette espèce ressemble au premier abord à la précédente ; mais elle est plus petite en toutes ses parties. Le tube fructifère n'atteint d'ordinaire que $0^{mm},6$ à 1 millimètre de hauteur. Chaque tête porte encore deux sporanges filiformes, mais son échancrure est beaucoup plus profonde et très souvent elle est dissymétrique, l'une de ses moitiés se développe normalement, tandis que l'autre n'est représentée que par un petit point saillant sur le flanc de la première, et c'est sur ce point que s'insère le second chapelet de spores. Les spores ont même forme renflée au milieu, et même couleur, d'abord jaune clair, puis brunâtre à la maturité, que dans le *S. cordata*, mais elles sont beaucoup plus petites, ne mesurant que $0^{mm},0055$ de long sur $0^{mm},0040$ de large. Le nom spécifique *S. asymmetrica* est tiré de la dissymétrie de la tête.

Syncephalis depressa (fig. 122-123). — Ici les tubes fructifères sont incolores et plus courts encore, atteignant un demi-millimètre en y comprenant le faisceau terminal des sporanges. Les têtes insérées côte à côte sur la calotte terminale sont élargies transversalement et aplaties de haut en bas ; elles présentent ordinairement sur leur face supérieure quatre et quelquefois aussi trois ou cinq mamelons qui portent autant de sporanges. Les spores incolores, allongées en bâtonnets, sont un peu moins larges au milieu qu'aux extrémités où l'on rencontre souvent un petit noyau brillant. Elles ont $0^{mm},0050$ à $0^{mm},0066$ de longueur et $0^{mm},0033$ de largeur. Ce sont celles de toutes qui se rapprochent le plus, par leur forme et leur dimension, des spores de *Piptocephalis*.

Le nom spécifique *S. depressa* est tiré de la forme aplatie, déprimée des têtes, qui leur permet de porter chacune un plus grand nombre de sporanges.

Syncephalis cornu (fig. 124-125). — Les trois espèces précédentes ont la tige dressée et renflée à sa base. Celle-ci, au contraire, a son tube incolore recourbé en corne, et ce tube aminci à la base se renfle peu à peu dans sa région supérieure, pour s'étrangler de nouveau et se gonfler enfin brusquement en un renflement sphérique. Supposée déployée, cette tige n'a guère que $0^{mm},2$ de longueur. Les sporanges en baguettes qui hérissent le renflement sphérique sont probablement portés deux par deux sur des têtes en cœur, mais nous n'avons pas pu acquérir de certitude sur ce point. S'ils s'inséraient individuellement et directement sur le renflement, comme cela nous a semblé quelquefois, la plante devrait peut-être former un type générique à part. Les spores, développées en chapelet dans chaque sporange, sont incolores et fusiformes. Elles sont grandes relativement à la dimension de la plante, car elles atteignent les dimensions des spores du *Syncephalis cordata*, c'est-à-dire $0^{mm},010$ de longueur et $0^{mm},006$ de largeur.

Syncephalis minima (fig. 126-128).— Cette cinquième espèce est plus petite encore que toutes les autres. Le tube fructifère incolore, muni de crampons qui le fixent sur les tubes des diverses Mucorinées, est à peu près cylindrique dans les deux tiers de sa longueur et s'élargit au sommet en se terminant par un plateau ; il ne dépasse guère $0^{mm},1$. Sur le plateau supérieur, les têtes sont en petit nombre et relativement très-développées ; elles sont coniques, et leur base, tournée vers le haut, est mamelonnée et porte quelquefois deux, mais le plus souvent trois, quatre ou cinq baguettes, d'abord divergentes, puis redressées parallèlement, qui sont autant de sporanges formant chacun un chapelet de spores. Les spores incolores ont la forme de bâtonnets cylindriques ou un peu amincis au milieu, comme celles du *S. depressa*, mais beaucoup plus étroites ; elles n'ont que $0^{mm},0015$ à $0^{mm},0020$ de largeur pour $0^{mm},006$ de longueur.

Les cinq espèces qui, pour le moment, représentent ce genre nouveau étant ainsi nettement définies par des caractères tirés de leur appareil asexué sporangial, étudions-en le mycélium ain i

que le mode de végétation et de développement, d'abord par des
cultures en grand, puis par des cultures cellulaires.

Cultures en grand, mode de végétation, parasitisme. — Dans les
grandes cultures sur crottin de cheval où ces plantes vivent en
société de *Mucor*, de *Piptocephalis*, de *Chætocladium*, etc., leur
mycélium végète dans l'air à la surface des tubes sporangifères
étrangers, allant de l'un à l'autre et s'entremêlant et se feutrant
avec eux. Tant qu'il rampe ainsi sur les Mucorinées, il fructifie
peu; mais en s'étendant il parvient bientôt au bord de la terrine
et vient toucher la cloche qui la recouvre. Il s'élève alors sur
la paroi interne de cette cloche et s'y développe jusque vers le
sommet en la tapissant d'une toile délicate qui se couvre d'innombrables fructifications. Ou bien, si le substratum ensemencé
est placé au centre d'une soucoupe de terre poreuse entourée
d'eau, le mycélium quitte bientôt le substratum, rampe sur la
soucoupe, s'élève sur ses bords, les dépasse, vient s'étendre à la
surface de l'eau qu'il recouvre complétement d'une toile à peine
visible, et se relève enfin sur le bord de l'assiette creuse couverte
d'un disque de verre. Dans toute son étendue libre, notamment
sur l'eau, il dresse vers le ciel de nombreux tubes fructifères qui
orment par endroits un gazon serré de couleur jaune-serin dans
es *S. cordata* et *asymmetrica*, et dont chaque brin est et demeure
couronné par une grosse goutte d'eau.

Ces plantes ont une végétation très-différente de celle des
Piptocephalis, même du *P. repens;* c'est en effet au moyen de
gros stolons dichotomes, et non par son mycélium grêle, que le
P. repens quitte son substratum pour ramper et fructifier au
dehors. Cette végétation ne peut guère se comparer qu'à celle
des *Mortierella* et encore en diffère-t-elle en plusieurs points.
Après qu'elle est ainsi tapissée à l'intérieur par le *Syncephalis*, que
l'on soulève la cloche qui couvre la terrine, de manière à briser
tous les liens qui rattachent la toile fructifère au mycélium qui
vit sur les Mucorinées du substratum, que l'on marque en même
temps la limite actuelle de la toile, et que l'on repose la cloche
en place, on verra, le lendemain, que cette toile a continué à

s'étendre au delà de la limite et à fructifier indépendamment de toute nouvelle matière nutritive émanée du substratum ; et elle continue de progresser ainsi les jours suivants.

Ce singulier mode de végétation est, on le conçoit, très-propre à faciliter l'étude du mycélium, et très-favorable à la pureté des semis cellulaires.

Considérons d'abord le mycélium là où il rampe en dehors du substratum nourricier, par exemple dans la toile délicate et à peine visible qu'il forme à la surface de l'eau. Il se compose de tubes blancs, extrêmement grêles, rameux sans cloisons. Mais ce qu'il y a de très-remarquable, c'est que toutes les fois que deux de ces tubes se croisent à une très-faible distance, ils s'unissent ensemble par deux protubérances fusionnées qui forment une branche d'anastomose très-courte et renflée en une sorte de nœud. Il en résulte une toile véritable dont tous les fils sont unis et comme noués ensemble à chaque point de croisement (fig. 102, *n*). Ces anastomoses mycéliennes, bien qu'elles se rencontrent déjà dans les *Mortierella* et les *Piptocephalis*, n'en constituent pas moins, à cause de leur extrême fréquence et leur nature particulière, l'un des caractères les plus frappants du genre que nous étudions. Elles diffèrent des anastomoses que contractent les tubes mycéliens des Ascomycètes (*Penicillium*, *Botrytis*, *Arthrobotrys*, etc.) et qui ont lieu le plus souvent par de longues branches de réunion ; ici il faut en général que les tubes qui se croisent passent très-près l'un de l'autre pour qu'ils s'unissent ; ce sont plutôt des nœuds que des branches d'anastomose transverse.

Çà et là un des tubes très-fins qui constituent cette toile se renfle énormément à son sommet, qui s'étale et se divise par dichotomies rapprochées en une sorte de large palmure dont le protoplasma prend aussitôt, dans les *S. cordata* et *asymmetrica*, une belle couleur jaune de soufre. Puis, sur la face supérieure de cette palmure, se dresse, en son centre le plus souvent, une seule branche plus grosse que les autres qui s'élève dans l'air et forme le tube fructifère, tandis que l'ensemble des branches horizontales, qui s'allongent encore un peu en se dichotomisant, constitue le disque de crampons, base solide sur laquelle la tige aérienne se dresse en équilibre. Le protoplasma jaune accumulé dans ces crampons passe peu à peu dans la tige; ils se vident alors et se cloisonnent. Nous savons que les choses se passent de la même manière dans les *Mortierella*. Rarement il se forme à côté l'un de l'autre sur la même palmure deux ou trois tubes qui se dressent sur le même faisceau de racines.

Étudions maintenant le mycélium des *Syncephalis*, non plus en dehors du milieu nutritif, mais sur le substratum lui-même, au milieu de la forêt de *Mucor*, de *Piptocephalis*, de *Chætocladium*, dont il enlace les tiges fructifères. Il y possède les mêmes caractères, mais çà et là on voit un de ses filaments grêles s'appliquer par un renflement arrondi sur un tube de *Mucor*; au point de contact, on voit partir de ce renflement un pinceau de fils blancs d'une ténuité extrême qui traversent la membrane du tube, divergent dans son intérieur et se recourbent en crochet, mais sans se prolonger (fig. 117). De la nodosité, partent dans l'air plusieurs filaments mycéliens. Ainsi il est certain que le mycélium des *Syncephalis* vit en parasite sur les tubes de *Mucor*. Mais ce sont surtout les sporanges mûrs des *Mucor* et les tas de spores des *Piptocephalis* qu'il affectionne et qu'il dévore. Quand un filament mycélien grêle arrive au contact d'un tel sporange encore enveloppé de sa membrane, il se renfle à sa surface, puis émet sur la face de contact un grand nombre de branches très-minces qui traversent la membrane, s'insinuent entre les spores en se ramifiant un grand nombre de fois et devenant d'une ténuité extrême. Chacune des dernières ramifications de ce chevelu applique son extrémité sur une spore, en perce la membrane et en aspire peu à peu tout le protoplasma ; de sorte qu'il ne reste bientôt plus que les minces pellicules externes des spores, entièrement vides, mais ayant conservé leur forme et leur dimension, et attachées chacune à un fil extrêmement ténu et d'un blanc brillant de *Syncephalis*. L'espèce de *Mucor* importe peu ; les sporanges monospermes de *Chætocladium*, les spores de *Piptocephalis*, sont attaqués de la même manière, et, chose assez curieuse, les espèces du même genre se dévorent entre elles. Ainsi nous avons trouvé une fois

les cornes fructifères, les sporanges jeunes et les spores mûres
du *S. cornu* attaquées ainsi et entièrement vidées par le mycélium du *Syncephalis cordata*.

Ainsi, quand les *Syncephalis* vivent en société avec d'autres
Mucorinées, leur mycélium aérien se fixe sur les tubes fructifères
et surtout sur les sporanges de ces plantes, en perce la membrane
et envoie dans l'intérieur des suçoirs filiformes qui en pompent
peu à peu toute la substance. En un mot, il s'en nourrit ; mais
en ce contact direct il ne fructifie pas. A partir de ce centre
nutritif son mycélium rayonne de tous côtés, s'étend sur les
supports voisins à de grandes distances, et c'est là, sur ces supports
où il végète librement, qu'il se couvre d'abondantes fructifications. On pourrait donc se croire fondé à déclarer que ces
plantes sont parasites. Mais nous savons déjà combien il faut se
mettre en garde contre une pareille conclusion, en tant du moins
qu'elle implique une condition absolue d'existence. L'expérience
que nous indiquions tout à l'heure et où le mycélium qui tapisse
une cloche de verre peut être, à un moment donné, isolé complétement de la source nutritive sans cesser pour cela de se développer et de fructifier les jours suivants, ne prouve pas l'indépendance de la plante. Car, en fait, cet accroissement nouveau n'est
pas le résultat d'une nutrition nouvelle, le verre humide étant
un assez maigre aliment ; il provient seulement d'une utilisation,
d'une transformation en nouveaux filaments mycéliens et en nouvelles tiges fructifères du protoplasma qui se trouve accumulé
dans le mycélium au moment de la séparation d'avec la source,
et qui est le fruit d'une nutrition antérieure. Et il faut convenir
que les très-fréquentes anastomoses ou nœuds qui relient les
filaments en une toile n'aident pas peu à cette utilisation complète, en permettant le passage en tous sens du protoplasma, d'un
point quelconque de la toile à un autre.

Cultures cellulaires pures, développement indépendant. — Il est
donc nécessaire de recourir aux semis cellulaires purs, pour
résoudre cette question du parasitisme, et même, dans cette voie,
il faudra se garder de conclure quoi que ce soit des échecs,
même répétés, qui pourront survenir. Ces insuccès sont en effet

très-fréquents. La décoction de crottin de cheval se prête assez bien à ces cultures ; mais les spores ne germent pas dans l'eau, les liquides minéraux ou les jus de fruits. Même dans la décoction, les spores des *Syncephalis*, notamment des *S. cordata* et *asymmetrica*, sont, comme celles des *Piptocephalis*, très-difficiles à cultiver. Elles exigent pour germer un état de complète maturité dont l'œil est difficilement juge, ce qui amène de nombreux échecs. Les débuts de la germination sont très-lents, et pendant ce temps les Bactéries ou d'autres productions étrangères s'introduisent dans la goutte et gênent beaucoup ou empêchent totalement les développements ultérieurs. Avec de la persévérance, on arrive cependant à obtenir des cultures d'une pureté parfaite et suffisamment prospères pour établir une démonstration évidente.

Contrairement à ce qui arrive chez les *Piptocephalis*, les spores du *S. cordata* que nous prendrons pour exemple, se gonflent peu et ne changent pas de forme en germant ; elles ont avant la germination $0^{mm},010$ sur $0^{mm},006$; après avoir émis leurs tubes, $0^{mm},012$ sur $0^{mm},008$. Non pas latéralement comme dans les *Piptocephalis*, mais à chaque extrémité, la spore émet, par une ouverture de son épispore ridée, un tube très-grêle atteignant à peine $0^{mm},002$ d'épaisseur (fig. 116) (1). Ces tubes s'allongent en se ramifiant çà et là dans la goutte ; puis certaines branches se dressent dans l'air et s'y ramifient comme dans les *Mortierella*. Ce mycélium, à la fois aquatique et aérien, se développe ainsi pendant plusieurs jours, et ses nombreuses branches contractent, aussi bien dans l'air que dans l'eau, de fréquentes anastomoses noueuses. Ce n'est guère qu'après cinq ou six jours que l'on voit apparaître sur le mycélium plongé les premières fructifications. Çà et là une branche mycélienne se renfle énormément à son extrémité où s'amasse une quantité considérable de protoplasma, et qui se divise bientôt de façon à former une large palmure. Dans la région centrale de la palmure et dans ses grosses et courtes branches le protoplasma prend peu à

______

(1) Quelquefois la spore ne forme qu'un seul tube à l'un de ses bouts, mais ce tube se dichotomise alors tout de suite à sa sortie de la spore.

peu cette couleur jaune clair qui caractérise l'espèce. Enfin, sur
la région centrale, se dresse une grosse protubérance jaune qui
s'allonge verticalement dans l'air en un tube fructifère, renflé à
la base et au sommet, et dont la calotte terminale bourgeonne
et forme côte à côte une série de petites têtes en cœur produisant chacune deux sporanges en baguette.

Ces baguettes divergentes sont d'abord indivises, et il n'y
a pas encore de gouttes d'eau autour d'elles. Bientôt cependant
le protoplasma granuleux qu'elles renferment se fractionne en
spores unisériées; ce fractionnement est d'ordinaire simultané.
Cependant il nous a paru quelquefois que la division s'opère de
bas en haut (fig. 113) ; quand nous avons pu saisir une différence,
elle a toujours été dans ce sens. Cette division faite, le tube
fructifère sécrète autour de son sommet une large goutte d'eau
qui enveloppe tous les sporanges et contribue sans doute à la
dissolution de leur membrane propre et à la désunion consécutive des spores.

De pareilles cultures cellulaires, d'une parfaite pureté et
accompagnées de fructifications normales assez abondantes, ont
pu être obtenues un assez grand nombre de fois.

Il est donc démontré que ce même *Syncephalis* qui, lorsqu'il
se développe sur un substratum commun à côté d'autres Mucorinées, se fixe sur leurs tubes et leurs sporanges, y fait pénétrer
des suçoirs et en absorbe toute la substance, n'épargnant ni les
Piptocephalis, ni même ses espèces congénères, peut cependant
germer, vivre, fructifier et donner des spores fécondes dans un
milieu nutritif où il se trouve tout seul. Comme les *Chœtocladium*
et sans doute les *Piptocephalis*, il n'est donc pas nécessairement
parasite, mais il vit volontiers en parasite si l'occasion s'en présente, et il acquiert par là une vigueur plus grande.

Nous n'avons considéré jusqu'à présent que l'appareil végétatif
des *Syncephalis* et leur appareil reproducteur asexué sporangial.
La grande analogie que, sous ce dernier rapport, ces plantes présentent avec les *Piptocephalis*, porte à croire que l'appareil sexué
partagera les remarquables caractères dont nous devons la connaissance à M. Brefeld ; c'est-à-dire que les deux filaments copu-

lateurs, émanés de points voisins, tout en se renflant, s'arqueront l'un vers l'autre en forme de mors de pince comme nous avons vu que cela arrive dans le *Phycomyces*, et que les deux corps protoplasmiques mélangés se concentreront en une zygospore dans une partie seulement de l'espace formé par les deux cellules conjuguées. Dans le fait, nous avons rencontré à plusieurs reprises à la surface des tubes de *Mucor* attaqués par le mycélium du *Syncephalis*, là précisément où il n'émet pas de fructifications sporangiales, une disposition qui nous a paru être une préparation à la conjugaison. Le filament grêle qui rampe sur ce tube de *Mucor*, non loin d'une nodosité à suçoirs, se dichotomise ; chaque branche continue d'abord à ramper sur le tube, mais bientôt se renfle énormément en une sorte de massue qui présente souvent deux ou trois étranglements transversaux ; ce renflement, plein de protoplasma granuleux et intimement appliqué sur le tube de *Mucor*, s'arque en mors de pince en contournant ce tube, et vient çà et là rencontrer le renflement pareillement arqué de l'autre branche de la fourche (fig. 118 et 119). Ces deux renflements s'ajustent bout à bout en formant une pince et continuent ensuite à se développer. Le développement ultérieur aurait probablement conduit à la zygospore, mais il ne nous a pas été, jusqu'à présent, possible d'aller plus loin. Dans l'observation qui précède, le *S. depressa* vivait en parasite sur une culture de *M. bifidus* sur de la laque de cochenille. Il en résulte tout au moins ceci, que c'est sur le substratum lui-même, et au contact de la plante hospitalière, là où le mycélium est le plus abondamment nourri, qu'il faut chercher les zygospores des *Syncephalis*, et non sur la toile externe qui porte les fructifications sporangiales.

D'autre part, la réelle analogie que nous avons essayé de faire ressortir dans le cours de ces études entre les *Mortierella* et les Piptocéphalidées, analogie qui repose sur la structure et le peu de durée du mycélium, sur le mode d'insertion et la forme ventrue des tubes sporangifères, sur la diffluence totale et précoce de la paroi propre du sporange mûr dans la goutte d'eau qui l'enveloppe, nous porte à croire qu'outre la forme asexuée spo-

rangiale et la forme sexuée, les Piptocéphalidées possèdent,
comme les *Mortierella*, la reproduction par chlamydospores.

XI

TABLEAU DES GENRES.

Il sera peut-être utile de résumer ici, dans un tableau synop-
tique, la manière dont nous comprenons provisoirement la distri-
bution des treize genres de Mucorinées qui nous sont actuellement connus. Nous tenons compte à la fois de l'appareil végétatif
et des appareils reproducteurs asexué, sporangial et sexué, quand
ce dernier offre quelque différence caractéristique.

```
                                                                renflés à leur base et
                                                                au-dessous du spo-
                                                                range ........... PILOBOLUS †.
                                                  simples  non        courbé
                                       d'une             renflés.     en pince
                             définie.  seule             Appareil     et muni
              gros          Tubes      espèce            de fécon-    de pointes
              et non        sporan-                      dation       dichotomes. PHYCOMYCES *.
              anastomo-     gifères                                   droit et nu. MUCOR *†.
              sés.                     dichotomes ................ SPORODINIA *.
              Filaments                de deux espèces.         droits ...... CHÆTOSTYLUM.
Mycélium à    sporangi-     indéfinie. Tubes sporangio- simples circinés..... HELICOSTYLUM †.
tubes         fères         Tubes      lifères          dichotomes ......... THAMNIDIUM †.
              à végéta-     sporangi-  droits. Sporanges monospermes ....... CHÆTOCLADIUM *.
              tion          fères                        polyspermes........ RHIZOPUS *.
                                       circinés........................... CIRCINELLA.
              fins et anastomosés.     globuleux et portés directement par le
              Filaments                tube sporangifère ................. MORTIERELLA †.
              sporangifères à végé-    tubuleux et portés  simple .....e.... SYNCEPHALIS.
              tation définie.          sur une tête,
              Sporanges                elle-même insérée
                                       sur le tube sporan-
                                       gifère             dichotome ....... PIPTOCEPHALIS *.
```

L'astérisque (*) indique les genres dont on connaît les zygospores ; la croix (†), ceux
dont on connaît les chlamydospores.

APPENDICE

KICKXELLA Coem. — COEMANSIA, gen. nov. — MARTENSELLA Coem.

Nous ne terminerons pas ce mémoire sur les Mucorinées, sans étudier ici, en manière d'appendice, un Champignon très-intéressant, découvert par Coemans en 1862, sur de la vase d'égout, et qu'il a nommé *Kickxella alabastrina*. Cette plante remarquable n'a pas été étudiée depuis lors, ce qui donne peut-être quelque intérêt à ce que nous allons en dire. En outre, nous avons rencontré un Champignon nouveau qui doit constituer un type générique distinct, mais voisin, des *Kickxella*, et nous serons amenés ainsi à comparer ces deux types au genre *Martensella*, découvert postérieurement en 1863 par le même Coemans.

KICKXELLA.

Kickxella alabastrina Coem., pl. 25, fig. 129-135.

Le *Kickxella alabastrina* n'est pas une Mucorinée ; mais Coemans, dans la description d'ailleurs inexacte en quelques points qu'il a donnée de cette plante, a introduit et laissé subsister à cet égard une difficulté qu'il importe de résoudre (1). On en jugera par l'extrait suivant :

« Le rhizome ou mycélium du *Kickxella*, caché dans la vase, est rampant, rameux, non cloisonné comme celui des Mucorinées avec lesquelles notre plante a de grands rapports tant pour le port que pour le mode de végétation. Pour fructifier, ce rhizome émet des stolons ou pédicelles à pointe obtuse d'abord non cloisonnés, mais qui se gonflent ensuite au sommet en une espèce de globule et se divisent au moyen d'une, de deux ou de trois cloisons. Ces diaphragmes dont j'ai observé l'apparition se forment exactement comme dans les Mucorinées. Ce globule, qui ne différait guère jusqu'ici d'un sporange normal, se divise alors en lanières irrégulières, à la manière des *Geaster*, s'aplatit et s'épanouit pour

(1) *Bulletins de la Société de Botanique de Belgique, t. I, novembre 1862.*

former une étoile à sept, neuf, dix, douze ou treize rayons. Ces rayons portent les spores acrogènes du Champignon et sont articulés sur le sommet du pédicelle; ils se rabattent le long de la tige, en laissant tomber les spores quand la plante commence à se flétrir.

» On peut, au moyen d'une certaine pression exercée par le verre couvreur, détacher assez facilement les rayons de la tige et les dépouiller de leurs spores; on voit alors distinctement les alvéoles d'insertion creusés dans le sommet de la tige, et les rayons isolés apparaissent comme des bras courts, arrondis, légèrement courbés, obtus vers le bas et s'amincissant graduellement vers le haut, pour y former deux petites cornes arrondies.

» On remarque encore, sur la membrane constitutive de ces rayons, de petits enfoncements qui sont les cicatrices ou hiles laissés par les spores. Les spores sont elliptiques aiguës et mesurent 0,001 de millimètre en longueur (1).

» Ordinairement les étoiles ne portent que des spores acrogènes, celles que je viens de décrire; cependant il n'est pas rare de trouver certains pédicelles surmontés d'une petite vésicule sporangiforme qui se trouve placée entre les rayons et qui forme le prolongement de l'axe de la tige. Cette vésicule se détache facilement, et tombe, d'après les quelques observations que j'ai pu faire, avant la maturation des spores acrogènes. Elle renferme de dix à vingt spores, en tout semblables à celles des Mucorinées ordinaires. Le fait serait curieux et sans analogue dans l'histoire de la reproduction des Champignons que de voir un sporange mucoréen emboîté dans les rayons d'une étoile mucédinéiforme, et de trouver ainsi réunis sur une même tige les organes de reproduction propres à deux tribus différentes; mais la certitude du fait n'est pas suffisamment établie, aussi n'est-ce qu'avec réserve que je le signale..... ; un grave doute subsiste donc toujours. » (*Loc. cit.*, p. 158.)

____

(1) Il y a évidemment dans ce chiffre une faute d'impression, et c'est $0^{mm},010$ qu'il faut lire.

De son côté, M. de Bary s'exprime ainsi sur ce point : « Aux Mucorinées douées certainement de plusieurs sortes de fructifications, il faut peut-être aussi rapporter l'étonnant *Kickxella alabastrina* de Coemans, quoique cette plante n'ait pas encore été étudiée avec assez de précision pour qu'on puisse porter sur elle un jugement définitif (1). »

Il y a donc une question à résoudre sur le *Kickxella*, et cette question intéresse directement la constitution même de la famille des Mucorinées. Nous espérons, par l'étude qui va suivre, dissiper tous les doutes à ce sujet.

Nous avons rencontré le *Kickxella alabastrina* sur les excréments de divers animaux : chat, cheval, rat; c'est sur les crottes de rat qu'on le trouve le plus fréquemment. Nous avons réussi à cultiver le Champignon en cellules sur la décoction de crottin de cheval, où il nous a donné des fructifications parfaites.

A la vue simple, cette plante se fait surtout remarquer par sa couleur parfaitement blanche, qui lui a fait donner son nom spécifique ; cependant, à cause de sa très-petite taille, elle peut facilement échapper aux regards. Au contraire elle est toujours très-facile à reconnaître quand on emploie un grossissement suffisant pour distinguer les détails très-originaux de sa forme.

Le mycélium issu de la germination d'une spore est formé de tubes minces d'environ $0^{mm},004$ de diamètre, régulièrement cloisonnés, quoique à d'assez longs intervalles, et remplis d'un protoplasma réfringent, auquel des vacuoles arrondies donnent tous les caractères d'une végétation de Mucédinée. Les tubes fructifères, beaucoup plus gros, naissent directement du mycélium. L'extrémité du tube mycélien se renfle en une sorte de quenouille ou de fuseau qui se continue de l'autre côté par un mince filament. Cette quenouille, où se condense un protoplasma à grandes vacuoles, se sépare du filament grêle par deux cloisons; puis, il se forme vers son milieu une protubérance qui s'allonge et se dresse verticalement dans l'air, soit directement, soit après avoir rampé quelque temps dans le substratum, pour former un gros

____

(1) *Morphologie und Physiologie der Pilze*, p. 179, 1866.

tube fructifère qui parvient à une hauteur de quelques dixièmes de millimètre. Dans les grandes cultures sur excrément, où les matières nutritives sont abondantes, on observe des fructifications plus compliquées que dans les cultures cellulaires. Nous décrirons d'abord ces dernières.

Le tube fructifère, long d'environ $0^{mm},250$ et large d'environ $0^{mm},015$, est subdivisé en trois ou quatre cellules par des cloisons transversales, légèrement concaves vers le haut et présentant en leur centre un ombilic formé par un repli de la membrane qui s'épaissit légèrement en ce point. Le tube s'amincit faiblement de bas en haut et se termine par un renflement ovoïde sur lequel sont portés latéralement des rameaux sporifères disposés au nombre de six à quatorze en un verticille parfait. Ces rameaux ont la forme de baguettes un peu courbées, renflées vers le milieu, atténuées aux extrémités et le plus souvent, mais pas toujours, bifurquées à leur sommet (fig. 129). Quand la fructification est jeune, ces rameaux sont redressés et appuyés l'un contre l'autre de manière à envelopper le sommet renflé du tube principal et à former tous ensemble une tête globuleuse (fig. 132). Ils se séparent plus tard, se rabattent, et se trouvent à la maturité étalés dans un plan horizontal en formant une élégante étoile dont les rayons relèvent gracieusement leurs pointes dichotomes. Il ne peut être question ici, comme l'a décrit Coemans, d'un « sporange normal primitif qui se diviserait ultérieurement en lanières, à la manière des *Geaster* ».

Les spores sont portées sur la partie moyenne de la face supérieure de chacun de ces rameaux verticillés ; chacune d'elles s'y dresse verticalement au sommet d'un tubercule arrondi, et non, comme le dit Coemans, dans un petit enfoncement. Chaque rayon de l'étoile porte deux ou plusieurs rangées de ces tubercules arrondis sporifères, et lui-même est subdivisé par des cloisons transversales vers sa base et vers son extrémité. Les spores sont fusiformes et pointues aux deux bouts (fig. 130) ; leur diamètre transversal atteint $0^{mm},0045$, et leur longueur $0^{mm},012$ à $0^{mm},014$. À complète maturité, les spores tombent et les rameaux sporifères eux-mêmes se détachent de la tête du tube principal en y laissant chacun une petite cicatrice circulaire (fig. 129). Mais avant cette époque, quand les baguettes déjà bien écartées sont couvertes de spores presque achevées dans leur développement, nous avons vu constamment, dans nos cultures cellulaires, une grosse goutte d'eau sécrétée au sommet du tube venir remplir la coupe et baigner les spores. Cette sphère d'eau, ainsi soutenue par l'étoile, ajoute encore à l'élégance et à l'originalité du port de cette plante. Les spores une fois détachées demeurent d'abord retenues par cette sphère d'eau, et ce n'est que lorsqu'elle se dessèche qu'elles se disséminent (1).

La formation des spores est essentiellement exogène. En effet on peut voir sur de jeunes fructifications les tubercules de la baguette sporifère surmontés à leur sommet d'une saillie d'abord beaucoup plus petite que le tubercule lui-même, puis s'accroissant peu à peu et finissant par prendre les dimensions et la forme de la spore parfaite.

Dans les grandes cultures, nous avons rencontré souvent des filaments fructifères rameux qui portaient plusieurs étoiles sporifères. La figure 132 montre comment, au-dessous d'une tête déjà formée, peut naître une branche latérale se terminant par une tête plus jeune.

Enfin une culture cellulaire nous a fait connaître de curieuses monstruosités de l'appareil fructifère, portant aussi bien sur le mode d'insertion des rameaux sporifères sur le filament principal, que sur les relations des spores avec ces rameaux eux-mêmes. On observait, en effet : 1° Des rameaux sporifères isolés sur le tube principal, tantôt latéraux, tantôt terminaux, et alors dirigés à peu près suivant le prolongement même du tube et portant presque horizontalement leurs spores (fig. 133, *a* et *b'*); 2° des baguettes portant leurs spores bien développées sur leur face inférieure (fig. 133, *c*), et d'autres offrant une spore dressée sur leur extrémité même (fig. 133, *d*).

---

(1) Le Champignon décrit et figuré par MM. Crouan (*Florule du Finistère*, p. 12) sous le nom de *Coronella nivea* ne nous paraît pas être autre chose que le *Kickxella alabastrina.*

La germination des spores est facile à observer sur la décoction de crottin en cellule, et elle offre un caractère remarquable. La spore commence par se renfler en son milieu, ses extrémités pointues conservant leur forme de manière à produire l'apparence d'une sphère traversée diamétralement par une aiguille. Après quoi un tube mycélien naît de chaque côté de la surface même de la sphère, tantôt avec un diamètre plus faible que celui de cette boule, tantôt en conservant à peu près sa largeur, suivant les conditions plus ou moins nutritives du milieu (fig. 131). On retrouve toujours les pointes aiguës de la spore sur les deux côtés du tube germinatif. On voit donc que la direction d'accroissement du jeune végétal est toujours comprise dans un plan perpendiculaire à l'axe d'accroissement de la spore d'où il procède.

En outre, les cultures cellulaires nous ont fait connaître les chlamydospores mycéliennes du *Kickxella* (fig. 134 et 135). Ces corps reproducteurs, remarquables par leur volume considérable, se produisent surtout dans les régions de la goutte où les filaments mycéliens, trop pauvrement nourris sans doute, ne portent pas de fructifications ordinaires. Les chlamydospores sont tantôt situées sur le trajet même d'un filament mycélien ordinaire (fig. 134), tantôt portées par de petits rameaux latéraux tortillés (fig. 135). Dans ce dernier cas, elles se forment sur ce petit rameau par une excroissance latérale (*a*), comme nous l'avons vu souvent dans les *Mortierella*; l'extrémité en doigt de gant du rameau se trouve rejetée de côté et devient imperceptible, de sorte que la chlamydospore paraît terminer tout à fait le rameau tortillé. Ces chlamydospores sont exactement sphériques avec un diamètre extérieur assez variable, compris d'ordinaire entre $0^{mm},024$ et $0^{mm},040$, mais pouvant atteindre $0^{mm},060$ et $0^{mm},070$. Elles possèdent une enveloppe incolore, épaisse de $0^{mm},006$, dont l'apparence cartilagineuse rappelle celle de la membrane propre des zygospores des Mucorinées. Leur contenu forme des globules réguliers et assez nombreux, au point de simuler des spores dans un sporange. Mais la simple pression du verre à couvrir suffit pour amener ces globules à se fondre les uns dans les autres en une masse unique homogène, en ne laissant sur la face interne de la membrane qu'un réseau délicat provenant des impressions qu'ils y ont produites. Nous n'avons pas vu germer ces remarquables chlamydospores; elles exigent évidemment un long temps de repos et une longue dessiccation.

La découverte de chlamydospores dans le *Kickxella*, qui est évidemment une Mucédinée et probablement un Ascomycète, offre un certain intérêt, car on connaît encore fort peu les chlamydospores de ces Champignons. M. Woronine a décrit et figuré (1) les chlamydospores de l'*Ascobolus pulcherrimus* et nous en avons retrouvé de semblables dans une espèce voisine.

Nous disons que le *Kickxella* est évidemment une Mucédinée. Il résulte, en effet, de tout ce que nous venons de dire des caractères du mycélium et du mode de formation essentiellement exogène des spores, que cette plante doit être définitivement exclue de la famille des Mucorinées. Jamais, dans nos nombreuses cultures cellulaires, qui nous permettaient de suivre pas à pas et sur place toutes les phases du développement des fructifications, nous n'avons vu le sommet du tube principal se renfler au-dessus de l'étoile en un sporange mucoréen. La sphère d'eau qui s'y forme et dans laquelle peuvent et doivent tomber des spores étrangères, si la culture est mélangée de *Mucor*, peut faire illusion à cet égard, et c'est peut-être là ce qui explique le fait accidentel observé par Coemans.

Le *Kickxella*, n'étant bien certainement pas une Mucorinée, n'est très-probablement, comme les autres types de l'ancien groupe des Mucédinées, que l'appareil asexué d'un Ascomycète. Nous avons en effet observé à plusieurs reprises, comme l'a signalé Coemans lui-même, des périthèces d'Ascomycète dans le voisinage immédiat du *Kickxella*, notamment sur les crottes de rat. Mais ces périthèces étaient de plusieurs sortes : les uns avaient des thèques ovales et octospores ; les autres, plus nombreux et plus constants, sur lesquels notre attention a été plus

----

(1) De Bary et Woronine, *Beiträge zur Morphologie und Physiologie der Pilze*, 2e série, 1866, p. 9.

spécialement attirée, ont des thèques claviformes et contenant
de très-nombreuses petites spores ovales. Mais nous n'avons pu
saisir aucun lien entre ces périthèces et le *Kickxella*. D'autre
part nos cultures cellulaires pures des spores de *Kickxella* ne
nous ont jamais donné que des fructifications de *Kickxella*
avec ou sans chlamydospores. Plusieurs fois nous avons vu de
gros tubes émanés du mycélium de la plante s'enrouler en tire-
bouchon, et nous avons espéré assister à une suite de développements analogues à ceux que présentent les *Aspergillus ;* mais
ces tubes spiralés, ou bien se sont arrêtés dans leur développement, ou bien se sont terminés en définitive par une fructification de *Kickxella*. En attendant que de nouvelles recherches
permettent de fixer la place qui revient au *Kickxella* parmi les
Ascomycètes, la plante doit être regardée comme appartenant
au groupe provisoire des Mucédinées, où elle occupe un rang
distingué.

COEMANSIA, gen. nov.

Coemansia reversa, sp. nov. — Pl. 25, fig. 136-139.

Ce Champignon, que nous avons rencontré, comme le précédent, sur des crottes de rat, se fait facilement remarquer à la
vue simple par sa belle couleur jaune de soufre en même temps
que par sa dimension, car il peut élever ses fructifications jusqu'à 6 millimètres au-dessus du substratum.

Ses spores, fusiformes comme celles du *Kickxella*, mais jaunes,
ont en longueur $0^{mm},007$, et en largeur $0^{mm},0025$. Elles sont insérées *sur la face inférieure* de rameaux latéraux transformés,
assez analogues d'aspect aux baguettes sporifères du *Kickxella*.
Seulement ces rameaux, au lieu d'être verticillés, sont isolés et
insérés en grand nombre à des hauteurs différentes sur des branches ramifiées issues d'un tronc commun dressé sur le mycélium.
Ils sont atténués à la base, puis se renflent, s'aplatissent et s'in-
curvent vers le bas en forme de nacelle terminée par une proue
simple ; leur région sporifère est subdivisée par plusieurs cloisons transverses assez rapprochées.

La figure 136 représente l'ensemble d'une de ces fructifications arborescentes choisie parmi les plus simples. Du sommet
du filament principal dressé sur le mycélium, partent quatre branches qui se dichotomisent et portent latéralement les bras sporifères. Le développement de ces bras s'opère, comme on le voit,
de bas en haut. Sur chaque bras les spores naissent et s'insèrent
sur autant de tubercules saillants comme dans le *Kickxella*.
Elles germent aussi en formant de chaque côté un filament mycélien sur lequel demeurent implantées leurs deux pointes terminales (fig. 139).

Notre plante a donc une grande analogie avec le *Kickxella*
de Coemans, et cette analogie sera rendue plus frappante encore
si l'on se rappelle que certaines fructifications monstrueuses de
Kickxella peuvent avoir leurs bras sporifères isolés, et leurs
spores insérées sur la face inférieure de ces bras. Mais sa ressemblance est encore plus grande avec le *Martensella pectinata*
découvert par le même auteur en 1863 (1), comme on peut en
juger par la figure 140, copiée d'après Coemans, et qui représente un bras sporifère de cette Mucédinée rameuse. C'est à la
fois pour consacrer la découverte de ces deux types voisins par
Coemans, et pour rappeler le renversement du bras sporifère qui
caractérise notre plante, que nous l'appelons *Coemansia reversa*.

Nous avons songé un instant à réunir ces trois espèces dans
un seul et même genre *Kickxella*. Si nous ne l'avons pas fait,
c'est que n'ayant pas rencontré nous-mêmes jusqu'à présent le
Martensella de Coemans, nous nous sommes crus obligés de
maintenir le genre que cet auteur a créé. Il peut paraître singulier
que, dans sa description du *Martensella*, ce botaniste ne fasse
même pas mention du *Kickxella* découvert par lui l'année précédente. L'étroite affinité qui unit ces deux types paraît lui avoir
échappé. Quoi qu'il en soit, ces trois élégantes Mucédinées constituent un petit groupe bien défini, et il est à désirer qu'on
puisse bientôt en achever l'histoire en montrant comment s'y
opèrent la fécondation et la formation consécutive des spores
endothèques.

(1) *Bulletins de l'Académie de Belgique*, t. **XV**, p. **540**.

EXPLICATION DES FIGURES.

PLANCHE 20.

Fig. 1. Section transversale d'une boîte de zinc pour cultures cellulaires, contenant deux rangées de porte-objets; la boîte est fermée par une lame de verre, et le fond en est occupé par du sable ou du plâtre imbibé d'eau.

Phycomyces nitens.

Fig. 2. *a*, spores fraîches sphériques des petits sporanges; les granules centraux sont jaunes; — *b*, spores fraîches allongées, ellipsoïdales ou concaves-convexes des grands sporanges; — *c*, spores plus âgées; la membrane a un double contour; — *d*, spores âgées germant avec rupture d'une épispore (160).

Fig. 3. *a*, spores en voie d'altération dans un milieu humide; le protoplasma s'y condense en nodules; — *b*, origine d'un tube mycélien en voie de destruction; la base, encore enfermée dans l'épispore, s'est séparée par une cloison, et le protoplasma s'y est condensé en corpuscules ovales (320).

Fig. 4-12. États successifs de la formation et du développement d'une zygospore. — 4, 5, 6, avant l'apparition des épines (40). — 7, 8, les épines apparaissent de haut en bas sur une des cellules arquées (40). — 9, 10, 11, elles se développent ensuite de la même façon sur l'autre cellule en même temps que la zygospore grossit: 9 est grossi 120 fois; 10 et 11, 40 fois. Dans la figure 11 on a séparé par une légère traction les deux filaments copulateurs d'abord intimement engrenés. — 12, zygospore achevée, enveloppée par ses épines dichotomes dont plusieurs sont cassées (50).

Fig. 13. Base d'insertion d'une cellule arquée vue de face; les épines rayonnent tout autour (40).

Fig. 14. Pince copulatrice arrêtée dans son développement: la première épine se développe à la place ordinaire, mais elle se prolonge et se ramifie en tubes mycéliens (120).

Fig. 15. Base d'un tube sporangifère *a*; — *b b*, rameaux stériles; — *m*, branche mycélienne où le tube est inséré (culture cellulaire) (120).

Fig. 16. Groupe de trois petits sporanges insérés avec des rameaux stériles sur une branche fructifère *a* émanée du mycélium *m* (culture cellulaire) (120).

Fig. 17. Renflements basilaires (*b*, *b*) des rameaux latéraux pennés du mycélium (culture cellulaire) (120).

PLANCHE 21.

Circinella.

Fig. 18-23. Fructifications du *Circinella umbellata*. — 18, ensemble de la fructification à divers états de développement, grandeur naturelle : *a*, premières fructifications du

jeune mycélium; *b*, filament sympodique simple; *c*, filament sympodique rameux.
— 19. une jeune ombelle de sporanges circinés insérés sur un côté du sommet du filament principal, avec son rameau végétatif *r* inséré du même côté (120).— 20, une
jeune ombelle formée de cinq sporanges seulement, montrant que le filament principal lui-même se prolonge en un rameau sporangifère circiné enroulé vers le haut
(120). — 21, une ombelle après la maturité et la déhiscence des sporanges; toutes les
membranes sont brunes et granuleuses, chaque rameau circiné a deux cloisons *c, c'*;
le rameau végétatif *r* a repris au-dessus de l'ombelle la direction verticale du filament primitif, et l'ombelle, déjetée latéralement, s'est séparée du sympode par une
cloison *d* (120).— 22, une ombelle formée seulement de deux sporanges dont l'un
termine le filament principal (120).— 23, un sporange à pédicelle circiné, plus fortement grossi; il s'est ouvert pour laisser échapper ses spores bleuâtres et sphériques;
une large cupule granuleuse subsiste autour de la columelle (250).

Fig. 24-39. Fructifications du *Circinella spinosa* — 24, ensemble de la fructification, grandeur naturelle.— 25, mode d'insertion du tube fructifère *f* sur les filaments mycéliens
m m (120).— 26, 27, 28, terminaisons d'un tube fructifère en voie de développement:
a, portion terminale du tube qui va, en se déjetant, devenir une épine; *b*, rameau
latéral qui va continuer la végétation et former le sympode; *c*, rameau supérieur et
plus tardif qui va s'enrouler en crosse et porter le sporange *s* (120).— 29, portion d'un
filament sympodique bien développé, comprenant trois nœuds et deux entrenœuds; le
sporange inférieur est ouvert, les deux autres encore fermés, quoique mûrs: on voit que
les épines sporangifères sont alternativement à droite et à gauche du sympode; la
fructification est donc une cyme unipare hélicoïde; chaque rameau circiné est séparé
de l'épine par une ou deux cloisons (120).— 30, un nœud à sporange ouvert laissant
échapper ses petites spores sphériques; la membrane granuleuse persiste en partie à
la base de la columelle (120).— 31, spores sphériques bleuâtres (500).— 32, nœud du
sympode dont l'épine *a* est remplacée par un sporange circiné (120).— 33, nœud dont
l'épine *a* ne porte pas de sporange (120).— 34, deux nœuds, l'un ordinaire en bas,
l'autre où l'épine *a* est remplacée par un sporange, mais sans porter de sporange
latéral (120).— 35, terminaison d'un filament fructifère adulte: après une épine *a*
qui, au lieu de sporange, ne porte qu'un petit tubercule latéral *m*, le rameau végétatif *b* s'enroule directement en crosse *s* qui porte à son tour un sporange *s'*, lequel
en porte un troisième *s''* (120).— 36, spores germées en cellule dans une goutte de
décoction (190).— 37, 38, 39, premières fructifications en crosse simple ou double,
formées sur le jeune mycélium en culture cellulaire (190).

PLANCHE 22.

Fig. 40-49. Fructifications de *Circinella spinosa*. — 40, terminaison d'un sympode
fructifère adulte: après une série d'épines simples et stériles *a, a*, vient une série de
crosses sporangifères simples, *s, s', s'', s'''* (120).— 41, portion d'une fructification accidentellement ramifiée; à la base se voit une épine *a* dont le sporange normal a été
remplacé par une épine *c* (120).— 42, portion d'un sympode comprenant trois nœuds
et deux entrenœuds, montrant la formation ultérieure, sur le trajet des entrenœuds,
de crosses sporangifères simples, dont le développement paraît avoir lieu de bas en
haut, *p, p', p''* (120).— 43, une de ces crosses internodales, ayant produit sur sa courbure une nouvelle crosse (190).— 44, première fructification issue du mycélium dans

les cultures cellulaires sur jus d'orange (120). — 45, cette première crosse en a produit une seconde sur sa convexité (190). — 46, les choses continuant ainsi, on obtient dans ces cultures cellulaires sur jus d'orange des guirlandes souvent très-compliquées de crosses sporangifères successives (120). — 47, 48, 49, quelques aspects de ces élégantes guirlandes fructifères.

Fig. 50-53. Fructification du *Circinella glomerata*. — 50, ensemble de la fructification. — 51, un glomérule terminal de rameaux circinés sporangifères jeunes (190). — 52, un de ces rameaux terminé par un sporange mùr à spores ovales, à columelle fort surbaissée (200). — 53, autre sporange mùr (250).

PLANCHE 23.

Fig. 54-56. Fructifications de l'*Helicostylum elegans*. — 54, divers états de structure de ces fructifications. — 55, grand sporange terminal à membrane diffluente, à grande columelle, à spores très-nombreuses, dont quelques-unes sont restées adhérentes à la columelle après la déhiscence (270). — 56, petits sporanges à pédicelles spiralés et cassants, à membrane granuleuse persistante, à columelle presque nulle, à spores peu nombreuses (270).

Fig. 57-59. Fructifications du *Thamnidium elegans*. — 57, divers états de structure des fructifications. — 58, culture cellulaire d'une spore unique ayant donné sur son mycélium *m* à la fois un grand sporange à filament simple, et une dichotomie de huit sporanges plus petits, laquelle porte latéralement un buisson dichotome de nombreux sporangioles. — 59, sporangioles monospermes, à membrane granuleuse (250). — 60, ces sporangioles ouverts par la pression et laissant échapper leurs spores sphériques, lisses, et quelquefois bleuâtres (250).

Fig. 61-63. Fructifications du *Chœtostylum Fresenii*. — 61, aspect général d'une fructification avec grand sporange terminal et sporangioles latéraux sur les branches épineuses. — 62, une branche latérale *a* terminée en pointe, renflée en son milieu, où elle porte des rameaux verticillés *b*; ceux-ci, terminés en pointe, portent sur leur milieu renflé un groupe de petits pédicelles sporangifères *c* (250). — 63, une branche latérale insérée avec beaucoup d'autres au sommet du filament principal; elle se termine en pointe et porte deux faux verticilles de rameaux; les sporangioles sont du quatrième ordre en bas, et du troisième ordre en haut (250).

Fig. 63-70. Fructifications et germinations du *Chœtocladium Jonesii*. — 63, une portion de la fructification montrant les sporanges monospermes à pédicelle simple ou dichotome, à membrane granuleuse, insérés sur un renflement médian d'une branche terminée en pointe (270). — 64, *a*, un de ces sporanges monospermes tombé avec une portion de son pédicelle; *c*, un autre brisé par pression, montrant la spore bleuâtre et lisse qu'il renferme; *b*, une spore s'échappant de son sporange encore attaché, dans les premières heures de la germination; *d*, *d*, *d*, spores entièrement sorties de leurs sporanges, dont on voit à côté les membranes granuleuses déchirées (270). — 65, *a*, *b*, *c*, *d*, *e*, 66, 67, 68, états successifs de la germination palmée des spores (200). — 69, 70, grosses vésicules sphériques à membrane tuberculeuse, sur les branches mycéliennes, dans les cultures cellulaires sur jus d'orange (270).

Fig. 71-79. Germination et fructifications du *Chœtocladium Brefeldii*. — 71, mycélium provenant de la germination d'une spore unique en culture cellulaire sur décoction, après 67 heures; on n'a figuré que sur une seule branche *m* les crampons latéraux dont toutes les branches sont hérissées (40).— 72, la région terminale d'une de ces branches principales, après cinq jours et demi; l'un des crampons latéraux *c* a développé dans l'air une de ses branches *d* dont toute la partie aérienne est ombrée; cette branche *d* se dresse dans l'air de la cellule en *f*; elle porte sur sa base plusieurs rameaux stériles et une branche *t* terminée en dichotomie répétée dont les derniers ramuscules portent autant de sporanges monospermes bleuâtres, parfaitement mûrs. Dans sa région supérieure le filament *f* portait d'autres branches fructifères pareilles à *t* et également dépourvues de pointes (190), — 73, extrémité d'un autre tube mycélien d'une culture cellulaire pure après quatre jours et demi; l'une des branches s'est dressée dans l'air en *a* en un long filament *f* portant latéralement de nombreux groupes de sporanges mûrs (190).—74, l'un de ces groupes de sporanges monospermes (400).— 75 et 76, crampons latéraux arrivant, dans une culture cellulaire mélangée, au contact d'un tube de *Mucor Mucedo*, pour se fixer sur lui (400). — 77, trois spores *s*, *s'*, *s''*, germées côte à côte dans la décoction en cellule, et ayant fusionné leurs tubes bout à bout pour former un mycélium continu (190).— 78, deux crampons latéraux *a*, *b*, insérés sur un tube principal *m*, se sont abouchés l'un dans l'autre pour former une anse latérale (190). — 79, *a*, *b*, *c*... *l*, états successifs des fructifications dans les cultures cellulaires.

PLANCHE 24.

Mortierella.

. 80-89. Fructifications diverses du *Mortierella polycephala.*— 80, *d*, *d'*, dichotomies en diapason des filaments mycéliens: *a*, branche d'anastomose; *t*, tube fructifère portant trois sporanges dont le terminal a déjà disséminé ses spores (220). — 81, *t*, tube fructifère dont les quatre sporanges ont disparu; sa base est munie d'appendices en doigt de gant *c*, *c*, qui forment des crampons radicellaires (220).— 82, spores mises en liberté: *a*, avec noyau très-net; *b*, le noyau a disparu ou est dissimulé par le protoplasma; *c*, au début de la germination, il reparaît avec un contour peu vif (320).— 83, spore sporangiale *s* ayant développé en cellule sur décoction un mycélium *m* qui porte des chlamydospores aériennes pédicellées à membrane hérissée de pointes (320).— 84, le pédicelle de la chlamydospore est renflé à sa base *b*, ou en son milieu *a*, et le renflement porte des appendices en doigt de gant (320).— 85, bouquet de chlamydospores insérées sur un renflement commun (320).— 86, chlamydospore dont le pédicelle se dresse sur la spore sporangiale elle-même (320); — 87, chlamydospores jeunes se formant dans le renflement lui-même qui porte les appendices en doigt de gant: *d*, dichotomie en diapason du mycélium; *a*, branche d'anastomose (320).— 88, 89, spores *s* ayant développé en cellule dans le liquide minéral quelques filaments mycéliens où le protoplasma s'est condensé en chlamydospores sessiles, aquatiques et lisses (320).

Fig. 90-98. Fructifications diverses du *Mortierella reticulata.*— 90, 91, 92, 93, états successifs du développement du groupe de tubes sporangifères sur le filament grêle du mycélium (250).— 94, un filament mycélien *m* émané d'une dichotomie en diapason *d* porte deux groupes de tubes palmés, dont quelques-uns *t* se développent et portent des sporanges, tandis que les autres *c, c* demeurent à l'état de doigts de gant à la base des premiers. On voit en *t'* que les sporanges latéraux se développent après le sporange terminal; tous les sporanges remplis de grandes spores réticulées, perdent très-promptement leur membrane propre *s*, les spores demeurant néanmoins retenues au sommet du tube dans une goutte d'eau. Tombées, les spores d'un même sporange demeurent souvent adhérentes, et on les rencontre ainsi associées par groupes de 4 à 8 (250). — 95, un tube sporangifère isolé, mais muni de nombreux appendices ou crampons *c, c* à sa base; il a perdu ses deux premiers groupes de spores et conserve les deux groupes inférieurs (250). — 96, un tube sporangifère issu directement de la spore primitive *s*, en cellule sur décoction; par la même déchirure de l'épispore la spore a émis dans le liquide quelques filaments mycéliens *m* (250). — 97, chlamydospore aérienne, pédicellée et hérissée de pointes, insérée sur le mycélium près d'une dichotomie en diapason *d* (400). — 98, chlamydospores aquatiques, sessiles et lisses, se formant sur les filaments mycéliens dans la décoction : *a*, sur le trajet du filament et symétriquement; *b*, à son sommet; *c, c*, au voisinage de son sommet avec appendice en doigt de gant; *d, d*, le long du filament et latéralement; *e*, à l'angle même d'une dichotomie (300).

Fig. 99-102. Fructifications diverses du *Mortierella candelabrum*. — 99 *a, b*, aspect des fructifications rameuses (20). — 100, tube sporangifère ramifié en candélabre, avec des sporanges à divers états de développement et dont la membrane est très-promptement résorbée, les spores demeurant groupées au sommet des branches; ce tube est inséré simplement sur le filament mycélien *m*, au voisinage d'une dichotomie en diapason *d* (120); la dimension relative des spores est un peu exagérée. — 101, tube sporangifère ramifié en candélabre, dont trois sommets ont perdu leurs spores, et dont la base est munie d'appendices en doigt de gants (120 : *a*, spores à noyau très-net; *b*, spores homogènes (320). — 102, chlamydospores aquatiques et lisses, produites en cellule dans la décoction, rarement terminales *g*, ordinairement intercalaires symétriques *a, b, c*, ou latérales *e, f*, quelquefois à l'angle de ramification *h* (250).

Fig. 103-106. Fructifications diverses du *Mortierella simplex*. — 103, tube sporangifère inséré sur le mycélium *m*, non loin d'une dichotomie en diapason *d*, ayant son sommet déjà dépouillé et muni d'une petite cupule ou collerette rabattue, et sa base munie d'appendices en doigts de gant, *c* 120). — 104, spores ayant une membrane hyaline assez épaisse, *a* avec noyau très-net, *b* sans noyau (320). — 105, chlamydospores aériennes, pédicellées, à épispore tuberculeuse, produites sur le mycélium issu d'une spore sporangiale cultivée en cellule sur jus d'orange (400). — 106, chlamydospores aquatiques, sessiles et lisses formées sur les filaments mycéliens dans ce même milieu, en général au voisinage de l'extrémité des branches latérales rameuses (400).

PLANCHE 25.

Fig. 107-109. *Piptocephalis repens*. — 107, crampons radicaux dichotomes situés au point où le tube rampant *m*, incolore et lisse, se redresse en un filament fructifère *t* jaune et cannelé (120). — 108, une des branches du tube *t* avec ses dernières dichotomies, après la chute des têtes et des spores (120). — 109, spores (670).

Fig. 110-111. *Piptocephalis arrhiza.*— 110, une des branches du system avec ses dernières dichotomies, après la chute des têtes et des spores (1 111, une tête pyramidale mamelonnée et deux spores (670).

ig. 112-119. *Syncephalis cordata.*—112, tube fructifère avec un fragment de la toile mycélienne anastomosée *n, n,* sur laquelle il est implanté, ses crampons radicaux dichotomes et ses petites têtes en cœur portant chacune deux chapelets de spores (120). — 113, une tête *t* avec un de ses deux sporanges en baguettes, très-jeune, et dans lequel les spores se forment de bas en haut (670).—114, une tête *t* avec ses deux sporanges tubuleux où les spores sont déjà toutes formées, mais encore enveloppées par la membrane commune du sporange qui se résorbe un peu plus tard (670). —115, spores mûres, isolées avec leur épispore ridée transversalement (670).— 116, spores germant (670).—117, tube mycélien rampant sur un tube de *Mucor bifidus* s'y renflant çà et là et faisant à chaque nodosité pénétrer à l'intérieur du tube un pinceau de très-minces filaments.— 118 et 119, filaments mycéliens sur un tube de *Mucor* ; il se dichotomise, renfle ses deux branches qui s'arquent l'une vers l'autre en embrassant le tube de *Mucor :* c'est probablement le début d'une copulation.

Fig. 120-121. *Syncephalis asymmetrica.*— 120, tube fructifère à sommet dénudé, avec ses crampons radicaux et une petite partie de toile mycélienne (120).— 121, tête dissymétrique *t* avec ses deux chapelets de spores (670).

Fig. 122-123. *Syncephalis depressa.*—122, tube fructifère coiffé par ses sporanges en baguettes, avec ses crampons radicaux (120). — 123, une tête aplatie avec quatre chapelets de spores (670).

Fig. 124-125. *Syncephalis cornu.* — 124, tube fructifère enroulé en corne, fixé par ses crampons sur un tube de *Mucor* (120). — 125, spores (670).

Fig. 126-128. *Syncephalis minima.* 126, tube fructifère coiffé de ses sporanges en baguette (120).— 127, un autre tube où deux têtes seulement sont demeurées attachées au sommet, portant chacune 2-4 chapelets de spores (120).—128, spores (670).

Fig. 129-135. *Kickxella alabastrina.* — 129, partie supérieure d'un tube fructifère, avec un seul des bras sporifères de la couronne encore adhérent, les autres sont tombés en laissant autant de petites cicatrices circulaires (270).— 130, spores détachées (670).—131, spores germant en conservant les deux pointes : *a,* dans un liquide peu nutritif ; *b,* dans un liquide plus nutritif (670).— 132, fructification jeune, avec bras encore redressés, et rameau latéral portant une couronne fructifère plus jeune encore (120).—133, diverses fructifications anomales obtenues en culture cellulaire (120). — 134, chlamydospore sur le trajet d'un tube mycélien (200). — 135, chlamydospores se développant sur de petits rameaux latéraux tortillés, et par excroissance latérale (200).

Fig. 136-139. *Coemansia reversa.*—136, ensemble d'une fructification rameuse choisie parmi les moins compliquées (270).—137, un bras sporifère pluricellulaire avec ses spores fusiformes insérées sur autant de tubercules saillants de la surface inférieure (670). — 138, spores détachées. — 139, spores germant (670).

Fig. 140. Bras sporifère du *Martensella pectinata,* d'après Coemans (450).

Paris. — Imprimerie de E. Martinet, rue Mignon, 2.

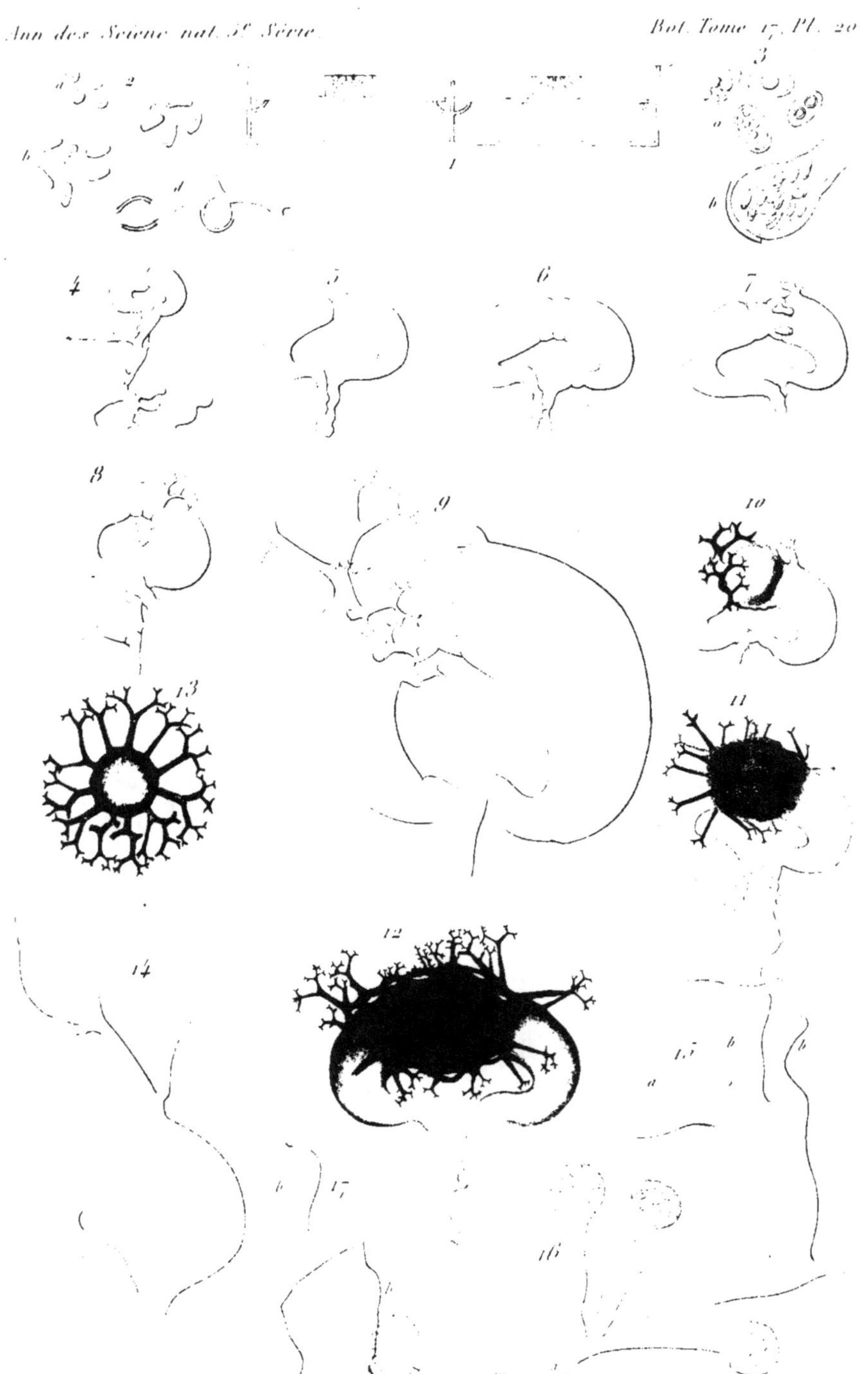

Phycomyces nitens.

Ph. Van Tieghem del.

Circinella.

C. umbellata (18..23) __ C. spinosa (24..39)

Ph. Van Tieghem del.

Circinella
C. spinosa (40—49) — C. glomerata (50—53)

Ph. Van Tieghem del.   Pierre sc.

Helicostylum elegans (54.56) _ Thamnidium elegans (57-59) _ Chaetostylum Fresenii (60.62)
Chaetocladium Jonesii (63-70) _ Chaetocladium Brefeldii (71-79)

Imp. L. Salmon, r. Racine, extramuros 15 Paris

Th. Van Tieghem del.

Mortierella

M. polycephala (80—89) — *M. reticulata* (90—98)
M. candelabrum (99—102) — *M. simplex* (103—106)

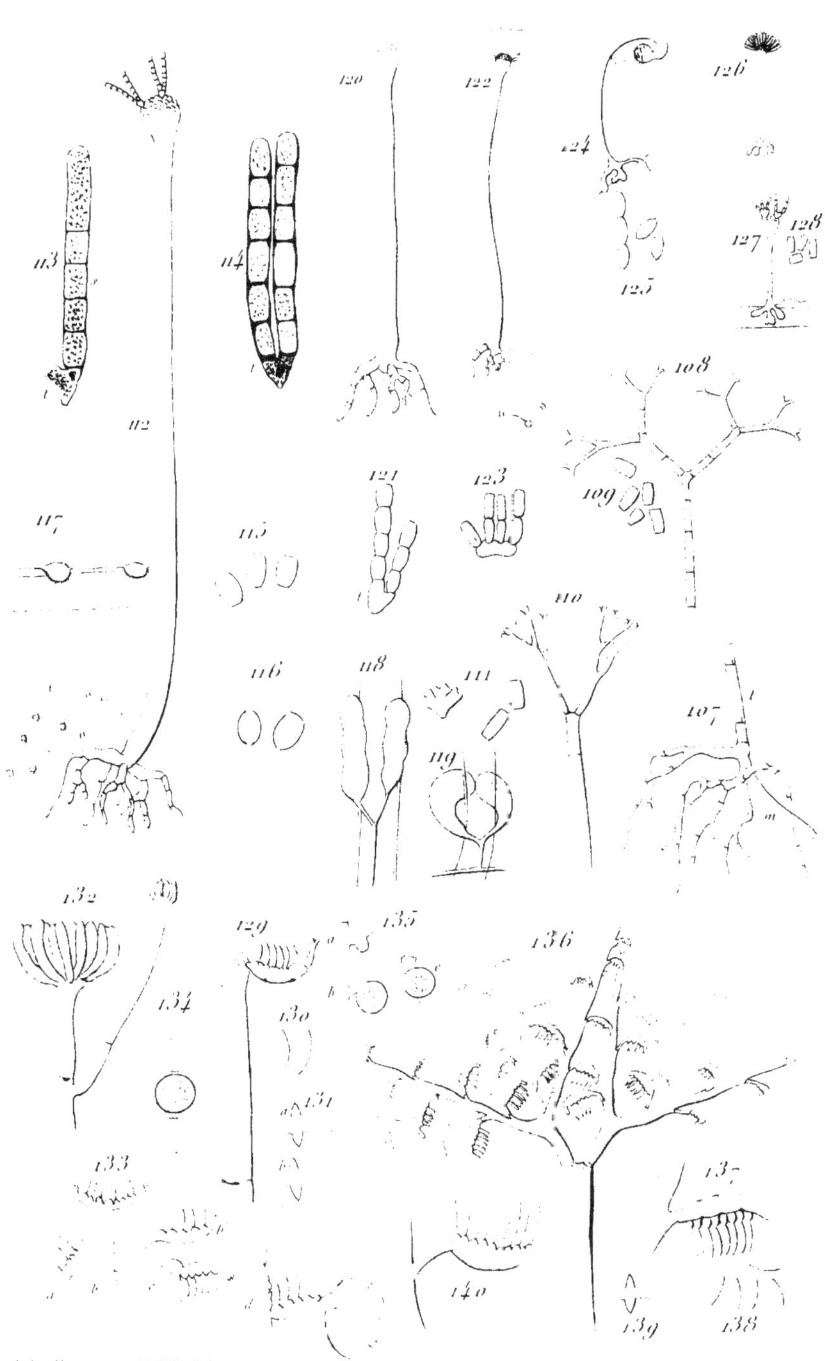

Piptocephalis (107_111)_ Syncephalis (112_128)
Kickxella (129_135)_ Coemansia (136_139)_ Martensella (140).